KB161666

Tokyo

Tokyo

도쿄!
일드 미식 가이드

이지성 지음

크루

시작하며

코로나 팬데믹으로 인해 3년 가까운 시간 동안 일본으로의 자유 여행이 금지되고 하늘길이 막혔다. 한데 재미나게도 코로나 팬데믹 기간, 일본의 먹방 드라마 수는 대단히 많은 증가세를 보였다. 고독한 미식가의 대성공에 힘입어 일본의 방송업계는 먹방 드라마라는 장르에 대해 대단히 긍정적으로 받아들이고 있다. 넷플릭스 같은 OTT 서비스의 증가도 코로나라는 갇힌 시대, TV 시청 시간이 늘어난 시대에 편승해 먹방 드라마를 내보내는 중요 매개체가 되고 있다.

'고독한 미식가'가 중년 남성의 영업 중 혼밥, '와카코와 술'이 직장 여성의 퇴근 후 혼술, '여자 구르메 버거부'는 20대 버거 마니아들의 버거 사랑, '귀에 맞으신다면'의 먹방 팟캐스트 방송, '오늘 밤은 코노지에서'의 직장인들의 술자리, '찻집을 사랑해서'는 만화가의 영감을 얻는 찻집 순례, '방랑의 미식가'가 정년퇴직한 은퇴자의 평온한 한 끼를 다루는 등 나이와 성별 그리고 직업까지 모두 다른 이들의 다양한 에피소드들이 시청자들의 호기심을 자극하기에 충분했다. 확실히 초창기의 먹방 일본드라마보다 현재의 먹방 일본드라마들의 제작 질이 좋아지고 있음을 느낀다. 그래서인지 드라마에 소개된 가게에 가서 직접 주인공들이 먹고 마시며 울고 웃던 가게를 찾고 싶은 충동은 더욱 커졌다.

'라멘이 너무 좋아 고이즈미 씨'의 주인공은 먹고 싶어도 못 먹을 수 있고 먹을 수 있어도 폐점하면 먹지 못하니 현재를 즐기라는 명언을 남겼다. 그뿐인가? 와카코와 술의 여주인공은 남자친구와의 데이트도 좋지만 아무도 신경 쓰지 않고 혼자 먹고 마시는 시간도 중요하다는 혼밥혼술의 궁극적 목표와 의미를 되새기기도 했다. 도쿄는 넓고 먹을 것은 많다. 음식이라는 매개를 통해 도쿄의 사람들과 식문화를 만나게 될 것이다.

독자분들께

• 한정된 지면이기에 아쉽지만 몇몇 식당과는 애초에 이별을 고했다. 프랜차이즈 가게, 한식 혹은 한식과 가까운 음식을 파는 가게, 역사가 없거나 특색이 없는 가게, 음식이 너무 고가여서 여행자에게 맞지 않는 고급 레스토랑은 되도록 제외했다.

• 식당명과 음식명을 현지 식당에서 실제 쓰는 발음으로 표기했다. 주문할 때 현지인들은 우리나라식 발음을 잘 알아듣지 못한다. 가령 '커피'를 '코-히', '햄버거'를 '함바-가-', '미트'를 '미-토', '하프'를 '하-후', '맥도널드'를 '마쿠도나루도'라고 발음한다. 겨우 모음 하나나 장음 등의 차이로 의사소통의 어려움을 겪지 않길 바라는 마음으로 현지인의 발음을 그대로 적었다.

• 많은 수의 식당, 카페, 술집 등이 코로나로 어려운 시기를 버티지 못하고 폐업했다. 또한 약속 시간에 엄격한 일본에서조차 코로나 시대의 영향으로 영업시간이 들쭉날쭉하다. 어떠한 식당을 목표로 했을 때, 좀 더 세밀하게 조사와 확인을 하고 가길 권한다.

• 물가가 안정적인 것으로 세계 최고인 일본조차 러시아와 우크라이나 전쟁으로 많은 영향을 받고 있다. 식당들의 요금 인상이 빈번하니 표기된 가격은 대략의 가격이라 생각하고 예산을 짜기 바란다.

Contents

『고독한 미식가』 속 그곳은…!

『여자 구르메 버거부』 속 그곳은…!

『라멘이 너무 좋아 고이즈미 씨』 속 그곳은…!

『망각의 사치코』 속 그곳은…!

『와카코와 술』 속 그곳은…!

『오늘밤은 코노지에서』 속 그곳은…!

『나를 위한 한 끼 ~포상밥~』 속 그곳은…!

『짝사랑 미식가 일기』 속 그곳은…!

『찻집을 사랑해서』 속 그곳은…!

『꽃미남이여! 밥을 먹어라!』 속 그곳은…!

『방랑의 미식가』 속 그곳은…!

『언젠가 티파니에서 아침을』 속 그곳은…!

『더 택시반점』 속 그곳은…!

『비뚤어진 여자의 혼밥』 속 그곳은…!

『실연밥』 속 그곳은…!

やよい
洋
食
TOKYO

『고독한 미식가』 속 그곳은…!

孤独のグルメ

외국으로부터 잡화를 수입해서, 특정한 물건을 부탁하는 의뢰인에게 팔며 사는 중년의 남자 이노가시라 고로는 거리에서 갑자기 배가 고파지며 길거리에서 멍해지는 버릇이 있다. 갑자기 뭔가 급한 사람처럼 근처의 가게를 황급히 찾아다니며 맛있는 음식으로 행복하게 배를 채울 준비를 한다. 고급이 아닌 근처 골목 식당들이 그의 안식처가 된다. 그에게 음식을 먹는다는 행위는 삶의 한 부분이 아닌 삶 전체라고 봐도 과언이 아니다. 그는 도쿄의 고고한 미식가이자 대식가이다. 그가 안내하는 맛집들을 추적해 보자.

와카바도

わかば堂

시즌2 11화

고로는 여자 사람 친구와 함께 아시안풍 카페와 그에 맞는 소품에 대한 이야기를 나눴던 기억을 떠올린다. 이곳이 바로 와카바도이다. 여자 사람 친구 뒤로 보이는 칠판에 이 두 사람이 먹게 될 메뉴가 그대로 적혀 있었다.

고로는 여자 사람 친구에 의해 퐁당쇼코라 바니라아이스フォンダンショコラ バニラアイス를 강제로 주문하게 되고 여자 사람 친구는 흑당 바나나 치즈 케이크인 코쿠토바나나치즈케키黒糖バナナチーズケーキ(550엔)를 주문해 음미한다.

퐁당쇼코라 바니라아이스는 검은 초콜릿케이크에 노란 아이스크림 한 덩이와 딸기시럽 그리고 땅콩이 올라간 메뉴다. 고로와 똑같이 바닐라아이스는 올라가 있지 않지만 그래도 비슷한 느낌의 티라미수가토쇼코라ティラミスガトーショコラ는 주문해 음미할 수 있었다. 정확히 똑같은 메뉴가 없을뿐더러 날마다 디저트류가 바뀐다. 다행히 여자 사람 친구가 먹은 흑당 바나나 치즈 케이크는 메뉴에 있었다.

여성 고객들로 넘치는 와카바도는 작은 골목길에 숨겨진 카페로 오래된 민가를 리모델링한 것이다. 창 앞에 설치된 선반에 자그마한 화분들이 분위기를 보다 청량감 있게 해주고 있었다.

와카바도는 일본드라마 '호쿠사이와 밥만 있다면'에서도 배경지로 쓰였다. "'분'도 가끔 이런 여성스러운 곳에서 점심을 먹으면 어때?" 1화에서 야마다 분은 냄새와 점포에서 나오는 여성들의 감탄사에 이끌려 와카바도로 발걸음을 옮겼었다.

주소 東京都足立区千住1-31-8 전화 03-3870-6766 영업일 월-토 12:00-23:00 / 일요일 12:00-20:00(연중무휴) 교통편 도쿄메트로 치요다선千代田線, 히비야선日比谷線 키타센쥬역北千住駅 1번 출구 도보 3분

흑당바나나케이크에게 배신이란 없다!

푸치

プチ

시즌3 2화

의뢰인과의 약속 시간을 착각해 애견카페에 도착한 고로. 의뢰인은 다른 일이 있어 잠시 자리를 비운 터였다. 가게의 여직원은 고로가 기다리는 동안 고로에게 맛있고 재미나게 생긴 간식을 내어온다. 바로 강아지 얼굴 모양의 빵인 시로노나마슈シロの生シュー(260엔)라는 빵인데 요코하마에 쁘치라는 작은 빵집에서 만드는 녀석이다. 고로는 강아지 얼굴이 귀여워서 잠시 망설이다가 맛있을 것 같다며 냉큼 입에 넣는다.

시로노나마슈라는 빵은 휘핑크림이 잔뜩 들어가 있다. 딸기로 강아지 혀를 표현한 부분이 재미나다. 흰둥이 빵을 먹었더니 오도독 오도독거렸다. 아마 눈을 표현한 검은 초콜릿이 딱딱해서 그런 식감을 낸 듯하다.

메론, 딸기, 치즈, 호박, 무스쇼콜라 쇼트케이크, 몽블랑, 쿠키, 식빵 그리고 병에 든 작고 귀여운 푸딩도 이 집의 인기 메뉴다. 할로윈에는 사자 얼굴 모양 빵을 만들고 매년 1월에는 그 해를 상징하는 동물의 얼굴로 빵을 만든다.

작은 골목길에 위치한 이 작은 가게는 창업 50년이 지났는데 현재는 2대 점주인 65세의 나루세, 64세의 유키에 부부가 운영한다. 자신들의 주택 1층을 빵집으로 운영하고 있다.

주소 神奈川県横浜市中区花咲町2-71 전화 045-241-3520 영업일 10:30-21:00(목요일은 쉼) 교통편 JR 네기시선根岸線, 케이힌토호쿠선京浜東北線 사쿠라기쵸역桜木町駅 서쪽 출구西口 도보 4분

귀여운 강아지 빵! 먹기엔 너무 귀여워!

카마루

カマル

시즌7 11화

카레냄새의 유혹만큼 위장을 혼란시키는 게 없다며 인도요리집에서 맹렬하게 배가 고파지기 시작한 고로. 인도요리 점장의 망고랏시를 받으며 상담을 하지만 정신이 카레에 빠져있다. 점장에게 카레를 부탁하지만 정기휴일에 식재료마저 전혀 없다는 대답이 돌아와 카레에 대한 뜻을 이루지 못한다. 독자분들이 고로가 이루지 못한 꿈을 마저 이뤄주길 바란다.

카마루는 800엔에서 1250엔 사이의 다양한 카레 런치를 맛볼 수 있다. 모든 런치에 최소 미니샐러드, 드링크, 난 또는 밥이 들어가 있다. 치킨이 들어가느냐 혹은 10종류의 카레 중 2종류의 카레를 고를 수 있느냐 정도의 차이이다. 카레는 매운맛을 5단계 중 선택할 수 있다. 밥은 사프란이라는 향신료가 들어간 밥이라 노랗다.

드링크는 망고랏시, 차이, 커피, 우롱차, 콜라, 오렌지주스 중에서 고를 수 있다. 카레 종류로는 치킨카레, 버터치킨카레, 키마카레, 야채카레, 시금치치킨카레, 콩카레, 믹스시푸드카레, 마톤카레, 물음표가 들어간 오늘의 카레가 있다.

밥을 고르든 난을 고르든 무료로 리필 가능해서 기쁘다. 런치에 딸린 평범한 난이 아닌 독특한 난을 단품 주문한다면 마늘, 깨, 치즈, 감자, 고기 · 치즈, 견과류 등이 들어간 다양한 종류의 난을 만나볼 수 있다.

주소 千葉県千葉市美浜区幸町1-18-1 2F 전화 043-246-2555 영업일 11:00-22:00 (연말연시는 쉼) 교통편 케이세이철도京成鉄道 치바선千葉線 니시노부토역西登戸駅 출구 도보 5분(치바역에서 접근했다면 바로 출구로 나오면 되고, 츠다누마역에서 접근했다면 출구를 나와 철길을 건너야 한다)

도쿄의 중심에서 인도를 외치다!

아지노레스토랑 에비스야

味のレストラン えびすや 시즌7 11화

인도요리 가게에서 망고랏시를 얻어 마시며 인도요리 점장과의 상담을 마친 고로는 이 인도요리 가게에서 카레를 먹으려 했지만 하필 휴무일이라 뜻을 이루지 못하고 2층 가게에서 내려온다. 가게를 찾겠다는 다짐이 끝나기도 전에 간판을 발견하고 고로는 에비스야로 진격한다. 손님들이 먹고 있는 오무라이스와 함바그, 쿠라부하우스 산도잇치, 나포리탄을 본 고로는 활기를 되찾는다. 고민 끝에 그가 주문한 것은 특제 마늘 스프인 토쿠세이닌니쿠스프特製にんにくスープ(500엔), 생연어의 버터구이인 나마자케노바타야키生鮭のバター焼き(단품 1500엔), 게살 볶음밥인 가니피라후蟹ピラフ(1400엔), 가릭쿠토스토ガーリックトースト(400엔), 수제 푸딩인 자가제노푸링自家製のプリン(단독으론 판매하지 않음)이다. 고로는 가니피라후가 먹고 싶어서 생연어의 버터구이를 단품으로 주문해 음미했는데 우리 팬들은 2400엔의 코스 메뉴로 맛보길 바란다. 이 코스에는 생연어 버터구이, 마늘 스프, 디저트, 커피, 샐러드, 라이스까지 포함한 가격이기 때문이다.

메뉴는 크게 생선요리와 고기 요리로 나뉜다. 특제 마늘 스프는 달걀이 들어가 있는데 노른자를 풀어먹으면 색감이 예뻐지고 맛이 진해진다. 갈릭토스트를 주문했다면 이 스프에 토스트를 찍어먹으면 좀 더 풍미가 진해진다.

가게는 정말이지 작은 역인 니시노부토역의 작은 개찰구를 나와 주택가를 뚫고 지나가면 만나는 대규모 맨션 단지 오른편에 자리 잡고 있었다.

주인인 타무라 아키라 할아버지, 카즈코 할머니, 아들 토모노리 씨 등 가족들이 주연 배우와 함께 찍은 사진을 액자로 해놓으셨다. 가장 특별한 것은 드라마 시즌7 11화의 실제 대본을 받아 배우의 사인까지 받아 벽에 걸어놨다는 점이다.

달달한 버터에 생각지도 못한 연어의 만남!

주소 千葉県千葉市美浜区幸町1-18-1 전화 050–5570–9897/ 043–244–9989 영업일 화–금 11:20–15:00, 18:00–21:30 / 토, 일, 공휴일 11:20–15:00, 18:00–21:30(월요일 및 셋째 주 화요일은 쉼) 교통편 케이세이철도京成鉄道 치바선千葉線 니시노부토역西登戸駅 출구 도보 5분(치바역에서 접근했다면 바로 출구로 나오면 되고, 츠다누마역에서 접근했다면 출구를 나와 철길을 건너야 한다)

난에츠비쇼쿠

南粤美食　　　　　　　　　　　　　　　　　　　　　　　　시즌8 1화

카나가와현 요코하마시의 중화거리 어느 정자에서 고기만두인 니쿠망肉まん을 먹던 고로는 점집에서 점쟁이의 테이블 의뢰를 받고 점쟁이의 말에 따라 동남쪽 가게를 찾아 나선다. 배가 고파진 그는 수없이 빼곡한 각종 중화요리집을 지나다 결국 광동요리 전문점 난에츠비쇼쿠에 발을 들인다.

고로가 주문한 음식은 '매실소스가 곁들여 나오는 바삭한 오리 튀김인 아히루노파리파리아게우메소스츠케アヒルのパリパリあげ梅ソースつけ(1280엔), 홍콩 새우 완탕면인 홍콩에비완탕멘香港海老雲呑麵(980엔), 말린 고기 조개관자 솥밥인 쵸즈메호시니쿠카이바시라가마메시腸詰め干し肉貝柱釜飯(1680엔), 통닭 소금 찜구이인 마루도리노시오무시야키丸鶏の塩蒸し焼き(980엔, 반마리)였다. 바삭한 오리 튀김은 베이징덕에 가깝고 새우완탕면은 국수가 들어간 새우물만두에 가깝다고 할 수 있다.

중국집들이 그렇듯 건물 외관은 온통 빨간색이라 눈에 확 띈다. 실제 광동 출신 셰프가 운영 중이다. 가게명 중 난에츠는 광동성을 포함하는 중국 남단에서 베트남 북부를 아우르는 옛 지명이다. 가게 1층은 혼자서도 들어가서 먹기 좋은 분위기의 카운터석과 테이블석으로 되어 있고 2층은 테이블석과 원탁으로 되어 있다.

주소 神奈川県横浜市中区山下町165番地 2INビル 전화 045-681-6228 영업일 11:30-15:00, 17:00-21:00(수요일은 쉼) 교통편 요코하마고속철도横浜高速鉄道 미나토미라이선みなとみらい線 모토마치-츄카가이역元町・中華街駅 1번 출구 도보 3분

요코하마에서 홍콩 새우가 들어간 완탕멘의 하모니!

〔 난에츠비쇼쿠 황 사장님 제공 〕

이토

イート

시즌8 2화

기념품 150세트를 팔고 기분 좋아진 고로는 산책을 하다가 전혀 레스토랑답지 않은 건물의 간판을 수상히 여겨 발을 들인다. 빵 코키유, 간튀김인 레바노카라아게, 치즈가 올려진 소고기 스테이크인 아레(2400엔), 치즈와 크림소스로 만들어진 닭요리인 치킨오(1200엔) 등 많은 음식이 그를 고문하는 가운데, 고로는 갈릭간장 맛의 탄스테키タンステーキ(2200엔)를 주문한다.

탄스테키タンステ_キ는 소 혀로 만든 녀석이다. 갈릭간장 소스 때문에 새까만 것이 특징이다. 스파게티가 같은 접시에 조금 곁들여 나온다. 런치세트이기 때문에 감자, 계란이 들어간 챠챠 스프チャーチャースープ+당근, 토마토, 새싹 채소 등이 들어간 푸치사라다プチサラダ+빵 혹은 쌀밥(선택 가능)이 나온다.

고로가 추가로 주문한 미토 파트라ミートパトラ(1550엔)는 간 소고기, 반숙계란, 버섯이 맵게 섞인 녀석으로 한국에서 비교할 수 음식이 없다.

가게 안은 카운터석과 테이블석이 있는데 일본치고는 좌석 간 배치도 그렇고 넓은 편이다. 2층에 자리하고 있는데 커다란 창문이 있고 채광도 좋아 분위기도 좋다. 네기시 요시코, 네기시 마사아키 노부부가 운영하고 있다. 2022년, 가게 문을 연지 55년이 되었다. 가게 이름을 'EAT'라고 지은 것은 먹는다는 뜻도 있지만 '내 음식을 먹어라'라는 강력한 의미가 있다고 마사아키 할아버지가 드라마를 통해 밝히기도 했다. 주인 할아버지의 연세가 87세로 이따금 가게 문을 닫을 때도 있다. 주인할아버지는 17세에 도쿄로 와, 양식당에서 요리를 배웠다.

주소 東京都杉並区高井戸西3-7-10 전화 03-3334-6486 영업일 11:30-14:00, 17:00-22:00(월, 수, 목요일은 쉼) 교통편 케이오전철京王電鉄 이노카시라선京王井の頭線 타카이도역高井戸駅 북쪽 출구北口 도보 8분

연로하신 할아버지 요리사분의 건강을 기원하며.

우동야 후지

うどんや藤 시즌8 4화

함께 일한 사장과 피자를 먹으려던 고로는 1시간이 걸린다는 말에 갑자기 배가 고파져 가게를 찾아 나섰다가 맨션 1층에 있는 족타(발로 밟아 만든) 우동가게로 들어선다. 고로가 먹은 메뉴는 고기우동인 니쿠모리우동肉盛りうどん(800엔)과 대파, 당근, 버섯 등이 들어간 야채 츠케지루 , 튀김부스러기와 깨가 들어간 주먹밥, 간이 된 반숙 계란인 아지타마고味付け煮玉子다. 고로는 미리 삶아 식혀 나무 소쿠리에 올린 우동면발을 돼지고기국에 찍어 먹는다. 츠케멘의 형태다. 발로 잘 빚은 굵은 면은 약간 딱딱했지만 쫄깃하다. 반찬으로는 시금치, 파, 다진 생강이 작은 접시에 나온다. 테이블에는 참깻가루가 있다. 참깻가루를 넣는 것으로 국물 진함과 향이 많이 바뀌니 주의하자.

매실과 다시마 가다랑어포, 꿀 등이 들어간 주먹밥 종류가 풍부하다. 고기버섯 우동, 고기 우동, 카레 우동, 유부 우동, 튀김 우동, 가리비 우동, 오리 우동 등의 메뉴 역시 다양하다. 면과 고기의 양을 보통 사이즈(300그램)의 1.5배(450그램, 100엔 추가), 2배(600그램, 200엔 추가), 3배(900그램, 400엔 추가) 등으로 주문할 수 있어 면 마니아에게는 희소식. 점포가 깔끔한 아파트의 1층에 위치해 있지만 정작 점내는 뭔가 시골의 풍취가 잔뜩 풍긴다. 가게 한 쪽에는 고로가 먹었던 음식이 무엇인지 알 수 있도록 고로의 배고픈 얼굴이 들어간 안내문을 코팅해놓았다. 쫄깃한 우동 면발을 느끼며 주인의 손맛 아니, 발맛을 느껴보자.

주소 埼玉県新座市片山3-13-32第二美鈴マンション102 전화 048-482-5775 영업일 11:00-17:00(금, 토는 20:00까지 연장영업) (수요일은 쉼) 교통편 세이부철도西武鉄道 이케부쿠로선池袋線 오이즈미가쿠엔大泉学園역 북쪽 출구北口 버스정류장 1번 승강장에서 니이자에이교소新座営業所행 30-2번 버스 혹은 후쿠시센타福祉センター행 30번 버스 탑승, 카타야마니쵸메片山二丁目 정거장 하차, 도보 2분

우동에서 주인장의 발맛이…. 족타 우동의 진미!

콤마 코히

COMMA, COFFEE 시즌8 4화

우동을 먹고 히바리가오카ひばりが丘로 이동하여 일 의뢰를 받고 나오던 고로는 단 냄새를 맡고는 배가 고파진다. 그리곤 당 충전을 위해 깔끔한 어느 가게에서 팬케이크와 아이스커피를 주문한다. 카스테라판케키カステラパンケーキ(1100엔)를 기다리는 동안 옆자리의 아가씨들이 주문한 과일 파르페에 눈을 빼앗기기도 한다.
겉은 바삭하고 속은 폭신 따끈한 카스테라판케키는 30분 동안 굽는데 그 볼륨이 엄청나다. 바삭한 빵 사이의 십자가 모양 골 사이로 고소한 향기의 버터가 우리를 반긴다. 히바리가오카 단지 히바리테라스 118번 건물 오른편에 리모델링을 통해 2015년 토모에 씨가 만든 이 카페는 완벽한 여성향 카페로 천정이 높고 깔끔한 인테리어를 자랑한다.
카페 앞 잔디밭과 나무 벤치도 안정감을 준다. 딸기, 복숭아, 샤인머스캣 등 계절 과일을 이용한 파르페나 타르트는 이 카페의 인기 메뉴다. 카페와 잔디밭 등을 활용해 지역주민 교류 이벤트를 개최하기도 한다. 고독한 미식가로 손님이 는 것은 좋지만 그로 인해 단골손님들의 발걸음이 뜸해질까 고민이라고 주인은 말한다.

주소 東京都西東京市ひばりが丘3-4-47 전화 042-465-1665 영업일 09:00–19:00(매주 화요일과 둘째 주와 넷째 주 월요일은 쉼) 교통편 세이부철도西武鉄道 이케부쿠로선池袋線 히바리가오카역ひばりヶ丘駅 남쪽 출구南口 도보 20분

휴식의 팬케이크!
플랜더스의 개에서 나오는
그 빵 그림체다.

〔 최지혜(나니) 님 제공 〕

이산

イサーン　　　　시즌8 6화

아사쿠사에서 축제관련 상담을 마친 고로는 숯불고기 골목을 헤매다가 결국 태국요리 가게로 들어선다. 고로가 선택한 메뉴는 태국의 이산이라는 지방의 허브 전골인 '치무츄무チムチュム(2500엔)'다. 그는 전골에 들어갈 내용물로 닭고기, 소고기, 돼지 목살, 돼지 항정살을 주문한다. 조리 시간이 길다는 걸 알게 된 고로는 이산 지방의 로스트포크 야채 샐러드인 '나무톳쿠무ナムトックムー(1280엔)'의 하프 사이즈를 주문한다.

나무톳쿠무에는 고수가 들어있으니 고수 향을 혐오하는 분들은 아예 거두어내기를 바란다. 고로처럼 마늘오일, 파, 날달걀 등이 곁들여 나오는 쌀국수 세트인 센야이를 추가해도 좋을 듯하다. 메뉴판에는 정작 1/3밖에 신지 않았다는 78세의 노장 점주 야마다 요시지 할아버지와 음식을 만드는 5성 호텔 요리사 출신의 태국인 아주머니 키티야 퐁 씨의 말에서, 어떤 조합이든 가능하고 숨겨진 메뉴가 있지 않을까 하는 궁금증이 생긴다. 고독한 미식가를 보고 오는 손님들이 많아서인지 '고로 씨의 주방'이라는 메뉴가 있어 고로와 같은 음식을 주문하기 쉽다. 대나무로 테두리를 만든 동남아 느낌의 테라스 자리에서는 흡연이 가능하다.

나무톳쿠무를 주문하고 1시간이 지나서야 음식이 겨우 나왔다. 맞은편 자리에서 말을 건 와타나베 씨는 주인 할아버지를 유혹해 가라오케에 가기 위해 동태를 살피러 테라스 자리에 앉아 줄담배를 피우시다가 나에게 소스나 음식을 미리 만들어 놓지 않고 그때그때 만들다보니 시간이 오래 걸리는 것을 이해하라고 알려주셨다. 그리고 시간이 되면 점주와 함께 가라오케에 함께 가지 않겠냐고 권했지만 사양했다.

주소 東京都台東区浅草2-17-3 전화 03-5246-4613 영업일 17:00-05:00(비정기적 휴무) 교통편 도쿄메트로東京メトロ 긴자선銀座線 타와라마치역田原町駅 3번 출구 도보 10분

노래방을 사랑하는 주인장의 유혹! 그리고 태국!

산토샤

三燈舎 시즌8 9화

이상한 취향의 악기 사장에게 바이올린을 맡기다가 갑자기 배가 고파져 거리로 나간 고로가 오늘은 별 고민 없이 다다른 남인도 카레 요리 전문점 산토샤. 남인도 요리점이라는 것과는 달리 인테리어는 인도를 떠올릴 수 없을 만큼 정갈하고 깔끔하다. 고로가 선택한 메뉴는 산토샤 미르스サントウシャ ミールス(1850엔), 인도식 크레이프인 가릭쿠 치즈 도사ガーリックチーズドーサ(하프 사이즈, 750엔), 시큼한 맛이 나는 요구르트인 농후 랏시濃厚ラッシー(400엔)였다. 가릭쿠 치즈 도사에는 소스로 칠리, 민트, 코코넛 소스가 나오는데 도사를 적당한 크기로 뜯어 소스에 얹어 먹으면 된다. 산토샤 미르스에는 콩카레인 산바루サンバル, 토마토 스프인 랏사무ラッサム, 양배추와 비트 볶음인 토렌トーレン, 치킨 카레チキンカレー, 전병인 파파도, 바스마티 라이스バスマティライス, 콩 튀김인 마사라와다マサラワダ, 난을 튀긴 바토라バトゥーラ로 이루어져 있다. 고로가 머리가 따라가지 못하겠다고 할 만큼 종류가 많다. 참고로 산토샤 미르스를 선택하면 음료가 포함된 가격이라 랏시를 마실 수 있다(커피도 가능). 이것으로도 모자란 고로는 '새우 카레 바나나 이파리 쌈인 에비카레바나나노하츠츠미えびカレーバナナの葉包み(1280엔)'까지 음미한다. 바나나 잎에 새우카레가 들어있는 녀석이다.

고독한 미식가에 소개된 메뉴들은 토요일과 일요일은 종일, 평일은 저녁에만 제공한다. 점심은 예약받지 않고 저녁만 예약을 받는다.

가게 이름은 인도 일부 지역에서 쓰이는 말라얄람어로, '행복'이란 뜻을 가지고 있다. 주인인 호리 후미코 씨가 6년간 인도요리집에서 수업을 받고 함께 일하던 인도인을 셰프로 스카우트해 창업한 가게다.

경사 심한 계단에서의 기다림도 지루하지 않다!

주소 東京都千代田区神田小川町3-2 2F 전화 050-3697-2547 영업일 11:00-15:30, 17:30-22:00(월요일은 쉼) 교통편 도쿄메트로東京メトロ 마루노우치선丸ノ内線 아와지초역淡路町駅 B5출구 도보 3분

슌사이교 이나다

旬彩魚いなだ 시즌8 10화

고로의 컴퓨터로 스스로 물건을 고르는 무례한 의뢰자와 헤어진 고로는 방어의 데리야키정식인 부리노데리야키테이쇼쿠ぶりの照焼き定食(1500엔)와 크리무코롯케クリームコロッケ(580엔)를 주문해 음미한다. 방어 데리야키 정식에는 시금치 깨소금 무침ほうれん草の胡麻和え과 오늘의 조림日替わり煮物(날마다 재료가 바뀜)이 곁들여 나온다. 필자가 방문한 날은 야채샐러드, 우엉조림, 백김치가 반찬으로 나왔다. 겉은 바삭바삭하고 속은 부드러운 크리무코롯케는 두 개가 나온다. 소스는 타르타르소스다. 고로는 옆 사람이 먹는 회가 부러워서 다랑어, 잿방어, 가리비가 나오는 회刺身도 추가했다.

가게 밖도 특이하지만 점내 가운데를 두른 반원 형태의 카운터석 및 내부 구조가 독특하다. 이 가게는 여주인의 언니가 하던 식당이다. 이나다라는 식당 이름도 그대로 물려받았는데 언니의 시댁이 이나다즈츠미稲田堤라는 지역에 있어서 그렇게 지었다고 한다. 언니는 현재 가게 2층에 살고 있다고. 헌데 가게의 젓가락 종이 커버에는 개복치가 그려져 있다. 그 이유는 여주인이 tv를 보다가 커다란 개복치가 천천히 유영하는 모습을 보고, 손님들도 개복치처럼 천천히 음식과 가게의 분위기를 즐기고 갔으면 좋겠다는 의미에서 개복치를 선택했다고 한다.

주소 東京都世田谷区豪徳寺1-47-8 전화 03-3428-4235 영업일 11:30-14:30, 17:30-22:00(일요일은 쉼) 교통편 오다큐小田急電鉄 오다큐선小田原線 고토쿠지역豪徳寺駅 북측으로 도보 3분

방어에게
나를 바친다!

야요이

やよい

시즌8 12화

인테리어 잡화전에 대한 협력 요청을 마치고 나온 고로가 향한 곳은 야요이. 고로는 우선 돈가스 덮밥인 카츠동カツ丼(대짜 1000엔, 채소절임과 된장국 포함)을 음미한다. 카츠동은 돼지고기 등심을 사용하는데 튀김 위에는 계란을 풀어 덮는다. 식욕에 불이 붙은 고로는 고기된장과 두부에 오이 등의 채소가 들어간 냉마파면인 히야시마보멘冷やし麻婆麵(800엔) 그리고 언제나 선택에 실수가 없는 바삭한 군만두인 교자餃子(450엔)까지 즐긴다. 군만두는 식초에 후추를 뿌려 고로처럼 먹어보기를 추천한다.

무려 1924년 창업한 야요이는 현재 3대 주인이 이끌고 있는데 드디어 100주년을 코앞에 두고 있다. '고로 씨의 초이스' '쿠스미 씨의 초이스'라는 코팅 메뉴판이 따로 있을 정도로 고독한 미식가 팬들의 방문 파워가 대단하다. 카츠동은 느끼할 것이란 선입견이 있었는데 간이 딱 좋았다. 카츠동은 개업부터 판매해 오는 오래된 이 집의 대표메뉴다. 카츠동을 주문하면 간단한 반찬인 오싱코와 일본식 된장국인 미소시루가 함께 나온다.

개업 당시는 양식만을 만들다가 2대 주인이 중화요리까지 만들어 팔면서 '중화 양식 야요이'라는 이름이 되었다. 현재는 3대 주인인 오오니시 코이치로 씨가 가게를 잇고 있다. 2대 주인인 아버지가 쓰러지면서 대형 호텔의 프런트에서 근무하던 아들이 3대 주인으로 명맥을 잇게 되었다. 가게는 아사쿠사역에서는 거리가 있고 미노와역에서 그나마 가깝지만 거리가 있는, 애매한 주택가 코너 자리에 위치해 있다.

주소 東京都台東区浅草5-60-1 전화 03-3872-7710 영업일 11:30-15:00, 17:00-21:00(목요일은 쉼) 교통편 도쿄메트로東京メトロ 히비야선日比谷線 미노와역三ノ輪駅 3번 출구 도보 15분

바삭한 돈카츠! 아니 촉촉한 돈카츠다!

킷친토모

キッチン友

시즌9 1화

시즌9의 첫 장면은 고로가 완식을 하고 생맥주를 마저 들이키며 잘 먹었다고 감탄하는 장면으로 시작한다. 계단을 내려가려던 와중에 다른 사람이 주문한 '점보 런치'를 보고 시선이 멈추는 고로. 스페샤루야키보다 점보 런치의 겉모습과 볼륨감이 확실히 더 시선을 끄는 것은 사실이다. 이 가게는 시즌2 5화에서도 한번 등장한 곳이다. 이 회차에서 고로는 양파, 돼지고기, 마늘, 당근, 가지튀김, 스파게티 등이 들어간 스페샤루토모후야키スペシャル友風焼き(1050엔)를 음미했었다. 참고로 음식이 담긴 철판이 뜨겁기 때문에 조심해야 한다.

이곳은 주변에 학교가 있어 고로의 말처럼 학생들이 주로 찾는 좁은 가게다. 2층으로 가는 계단도 워낙 좁고 가파르기에 아지트 다락방을 올라가는 기분이다. 그러서일까? 고로는 왔던 가게가 변함없이 잘 운영되고 있으면 기쁘다는 속마음을 비친다.

가게의 시계 밑으로는 주연배우와 주인 부부가 함께 찍은 사진 및 사인이 걸려 있다. 이 가게는 1965년 개업한 노포다. 오오토모 료스케 오너 셰프가 80세에 가까운 나이이기 때문에 목이 많이 굽으셨다. 할아버지의 건강이 어떠신지 할머니께 물으니 괜찮다며 주방에 계신 할머니께서 조용히 미소를 지으셨다. 주인 할아버지는 만 16세의 나이에 빵집에서 일하며 야채빵을 배우다가 20세의 나이에 킷친 토모를 개업했다.

주소 神奈川県横浜市神奈川区六角橋1-7-21 전화 045-431-1152 영업일 12:00-15:00, 17:30-19:45(수, 목요일은 쉼) 교통편 토큐전철東急電鉄 토요코선東急東横線 하쿠라쿠역白楽駅 서쪽 출구西口 도보 2분

80세 주인장의 투혼! 지글지글 끓어오르다.

시오타

しお田

시즌9 1화

한 여성의 선물 화장대 의뢰 건을 마친 고로는 안심으로 할지 등심으로 할지 한참 고민에 빠진다. 결국 그의 선택은 안심 돈가스 상차림인 히레카츠고젠ひれかつご膳(1900엔)이었다. 텁텁하고 느끼할 수 있는 음식이기에 양배추를 주는데 그 양이 산더미 같다. 고기를 취급하는 가게답게 일본식 된장국인 미소시루에 돼지고기가 들어간 톤지루豚汁가 나온다. 간단한 채소와 가지절임도 곁들어 나온다. 이것으로 부족했는지 문어, 오징어로 만든 크리무코롯케クリームコロッケ(1개 450엔)에 새우튀김인 에비후라이エビフライ(1개 500엔)까지 받아드는 고로.

에비후라이는 타르타르 소스가 나온다. 3개로 구성되어 있는데 고로처럼 하나만 주문은 불가하다. 고로의 "헬시 지향이 다 무언가? 이렇게 튀김을 먹을 수 있는 것이 내 건강의 증거다"라는 대사처럼 오늘만큼은 기름에 바삭바삭 튀겨진 안심을 마음껏 즐겨보자. 가게 이름 시오타는 가게 주인의 성을 따서 지었다. 창업 50년의 역사를 가진 가게로 창업한 해에 지금의 2대 주인이 태어났다. 선대가 세상을 떠나고 남은 주인 할머니 시오타 치카코 씨와 아들인 2대 사장 시오타 나오토 씨가 운영 중이다. 2015년 미슐랭 가이드북 특별판에 실린 적이 있어 유명세는 더욱 커지고 있다. 가게 앞에 이름을 기록할 수 있는 명부가 있는데 빈 시간대에 이름을 써 놓고 식사 시간에 맞춰 돌아오면 된다.

주소 神奈川県川崎市宮前区宮前平3-10-17 전화 044-877-5145 영업일 11:00-14:00, 17:00-20:00(화, 수, 목요일은 쉼) 교통편 토큐전철東急電鉄 텐엔토시선田園都市線 미야마에다이라역宮前平駅 북쪽 출구北口 도보 7분

진정한 일본의 돈가스를 맞이할 시간!

〔 서현 님 제공 〕

아자부 화브리카

麻布ファブリカ 시즌9 3화

공원에서 커피를 마시고 가게를 찾아 나선 고로. 히가시아자부東麻布 상점가의 정겨움을 느끼다가 핑크색 머리의 아가씨가 콘 아이스크림을 먹는 모습에 시선을 빼앗긴다. 결국 아이스크림 가게 안으로 들어가 여러 종류의 아이스크림에 빠져든다. 정작 주인아주머니의 인사에 겨우 정신을 차리고 가게 밖으로 나와 다시 맛집을 찾아 나선다.

이곳이 히가시아자부 상점가에 위치한 아자부 화브리카다. 젤라또 아이스크림 전문점으로 레몬, 피스타치오, 멜론, 딸기, 망고, 초코칩, 피오레 라떼 밀크, 블루베리 맛을 포함해 모두 12가지 이상이다. 주문을 하면 컵으로 먹을지 콘으로 먹을지 물어본다. 가격은 300엔이다. 가게가 워낙 좁아서 안에서 먹을 수 있는 공간은 없다.

보통 아이스크림 가게는 관광지나 명소에 주로 포진해 있는데 반해 이곳은 역에서도 거리가 있다. 인파가 몰리는 곳도 아니며 주택가도 오피스가도 아닌 요상한 곳에 위치해 있다. 가게 이름에 화브리카가 들어가는데 이탈리아어로 공장이라는 뜻이다. 우리는 고로와는 달리 달콤한 유혹을 참지 말고 도리어 빠져보자.

주소 東京都港区東麻布2-3-6 전화 03-6277-7580 영업일 11:00-18:00(일요일은 쉼)
교통편 토에이지하철都営地下鉄 오에도선大江戸線 아카바네바시역赤羽橋駅 나카노바시출구中之橋口 도보 5분

달콤한 아이스크림이
당신을 부른다.

타베루나 미류

タベルナ　ミリュウ

시즌9 3화

의뢰인이 부탁한 컵을 주고 대사관에서 나온 고로는 그리스 국기에 이끌려 점포로 들어서지만 어려운 그리스식 음식명에 당황한다. 고로는 요구르트 베이스 소스의 자지키ザジキ(800엔), 구운 가지를 소스로 하는 메리자노メリザノ(1000엔), 포도 잎에 소고기와 쌀밥을 감싸 찐 도루마데스ドルマーデス(1200엔)를 주문한다. 하지만 오늘의 전채 모둠인 젠사이모리아와세前菜盛り合わせ(1200엔)에 자지키와 메리자노가 들어있다는 점원의 말에 젠사이노모리아와세와 도루마데스로 주문을 변경한다. 참고로 전채 모둠에는 대구알 소스인 타라모タラモ까지 해서 3종으로 이루어져 있는데 피타빵ピタパン이 나오므로 소스를 얹어 먹으면 된다. 소스 양이 의외로 많아서 듬뿍 얹어 먹어도 된다.

한편 고로는 다진 소고기, 가지, 감자, 화이트소스에 치즈를 올려 오븐에서 구운 요리(가지와 감자의 그라탕 느낌인 무사카)ムサカ(1300엔)까지 주문한다. 이도 부족한지 새우를 토마토 소스와 치즈로 구운 매운 요리인 에비노사가나키海老のサガナキ까지 음미한다. 후식으로는 호두, 건포도, 해바라기씨 등의 건과류가 들어가 달콤한 파이인 바쿠라바バクラヴァ(800엔)와 그리스커피인 기리샤코히ギリシャコーヒー를 즐긴다.

타베루나 미류의 54세 주인이자 주방장 마사하루 씨는 18세부터 요리수업을 받았고 24세에는 프랑스로 넘어가 호텔 요리인으로 경력을 쌓았다. 26세부터는 주그리스일본대사관 공저의 요리사로 일했던 경력을 살렸고 이후 장수 국가인 그리스의 음식을 일본인들에게 알리고 싶어 식당을 오픈했다고 한다.

주소 東京都港区東麻布2-23-12 전화 050-5887-9546 영업일 11:30-15:00, 17:30-23:00(일요일은 쉼) 교통편 토에이지하철都営地下鉄 오에도선大江戸線 아자부쥬방역麻布十番駅 6번 출구 도보 4분

다만 그리스에서 구하옵소서! 그리스 음식의 유혹!

신세라티

sincerity

시즌9 4화

상담이 길어져 지친 고로는 배가 고파진다. 그래서 길을 걸어가다가 처음으로 찾은 가게로 미련 없이 들어갈 것을 다짐한다. 그렇게 고로는 중화요리집으로 결정하고 200종류가 넘는 메뉴 중에 고민하다가 결국 맵게 무친 찜닭인 무시도리노 피리카라아에蒸し鶏のピリ辛和え 하프 사이즈(450엔), 굴 위에 부추와 소스가 올라가 익혀진 카키토니라노카라시이타메カキとニラの辛し炒め(2개 990엔, 1개는 주문 불가능), 납작하게 찐 빵인 카포割包(220엔, 중국에서 거바오로 부른다), 장어구이 볶음밥인 우나기노카바야키챠항鰻の蒲焼チャーハン(1320엔), 가지나 피망 등의 건더기가 많이 들어간 냉면인 나스노레이멘ナスの冷麵(990엔), 설탕 우유 한천 등이 들어가 달달한 디저트 안닌도후杏仁豆腐(440엔), 오늘의 스프까지 음미한다. 게다가 게살 소바인 가니앙카케야키소바カニあんかけ焼きそば까지 포장해 가게를 나선 고로다. 장어구이 볶음밥인 우나기노카바야키챠항은 비싼 몸이라 장어가 길게 딱 한 줄 올려지고 파는 엄청난 양이 토핑되어 나온다. 굴과 부추의 매운 볶음은 굴 한 개의 가격이 비싸지만 크기가 크다는 평가다 많다. 가지 냉면인 나스노레이멘은 팥빙수를 담으면 좋을 것 같은 반투명한 그릇에 나오는데 기름기를 머금은 가지가 달달하다고 한다,

11시에서 11시 20분, 14시에서 14시 30분, 20시에서 21시 사이에만 예약 전화를 받는다. 그 이외의 시간에는 주인아주머니의 자동응답만 계속 흐른다. 점내는 매우 좁고 테이블은 3개가 전부다. 2000년 개업한 신세라티는 카와하라 쥰코 씨가 운영 중으로 200종의 중화요리 메뉴를 자랑한다.

주소 東京都府中市新町3-25-10 전화 042-336-5517 영업일 11:30-14:00, 17:00-21:00(월요일 저녁, 화요일은 쉼) 교통편 JR 츄오선中央線 코쿠분지역国分寺駅 북쪽 출구北口 도보 20분

중화의 진심!

사가라

さがら

시즌9 6화

불필요하게 줄임말을 쓰는 의뢰인과의 일로 배고파진 고로. 그리고 그의 발길을 멈추게 한 가게 사가라. 고로의 선택은 고기와 가지를 간장을 넣고 볶은 것이 메인인 니쿠토나스노쇼유이타메정식肉となすの醤油炒め定食(950엔), 닭튀김인 토리카라아게鳥唐揚げ(단품 700엔, 정식 800엔), 중화냉면인 히야시츄카冷やし中華(850엔)였다. 히야시츄카에는 고기와 토마토, 오이, 김, 달걀 등이 들어간다.

고로가 음미한 것 중 토리카라아게를 정식(800엔)으로 주문했는데 확실히 일반 카라아게보다는 훨씬 맛있었다. 텁텁하지 않고 부드러웠으며 육즙도 도망가지 않았다. 정식으로 시켜서인지 마카로니 샐러드와 슬라이스된 토마토 한 조각 그리고 채 썬 양배추까지 한 접시에 나왔다. 레몬도 한 조각 있어 마지막 한 조각은 한바탕 레몬 사워를 시켜 상큼하게 음미했다. 마요네즈도 접시 한 쪽에 나오니 곁들이면 좋다.

가지와 고기의 간장볶음은 가지에 간장 맛이 잘 배어 있어 흰 쌀밥과 먹으면 환상의 궁합이라는 평이 많다.

창업한 지 50년이 넘은 가게로 노부부와 아들이 운영하는데, 가게 이름은 주인의 성을 따서 지었다. 메뉴로는 전어, 연어, 꽁치, 방어, 고등어 등의 생선구이 정식이 있다. 튀김 정식으로는 코롯케コロッケ, 치킨카츠チキンかつ, 돈카츠とんかつ, 멘치카츠メンチカツ, 히레카츠ヒレカツ, 전갱이튀김アジフライ, 새우튀김エビフライ, 굴튀김牡蠣フライ이 있다. 참치, 방어, 오징어 등의 생선회 정식까지 다양한 메뉴를 자랑하는 가게다. 손님들의 복장을 보니 대부분 근처의 회사원들 같았다. 전화번호를 공개하지 않으며 예약도 받지 않지만 행렬은 길다. 개점 30분 전에 일찍 대기하자.

주소 東京都豊島区南長崎5-18-2 전화 03-6277-7580 영업일 11:30-14:00, 18:00-22:00(일요일, 공휴일, 첫째 주 토요일은 쉼) 교통편 세이부철도西武鉄道 이케부쿠로선池袋線 히가시나가사키역東長崎駅 남쪽 출구南口 도보 4분

육즙이 풍부한 카라아게는 후라이드 치킨과의 비교를 거부한다!

키슈히나베

貴州火鍋

시즌9 7화

헬스에 미친 남자와의 만남을 마치고 배가 고파진 고로는 음식으로 땀을 빼고 싶다며 가게로 들어선다. 그리곤 말린 낫토 훠궈인 호시낫토노히나베干し納豆の火鍋(3850엔), 두부가 들어간 제육볶음이라 할 수 있는 아츠아게노호이코로厚揚げの回鍋肉(1518엔), 닭고기 고추 조림인 토리니쿠노 자오라쟈오鶏肉の唐辛子煮込み(1480엔)를 주문해 음미한다. 그리고 두유(440엔)를 서비스로 받아 즐긴다.
고로의 말처럼 매운 걸 먹었을 때 두유는 속을 다스릴 수 있다. 이집의 두유는 직접 만드는 것이 아니라, 가게 근처의 두부집에서 받아쓴다고 중국인 점원이 전해줬다. 두부에 고기가 어우러진 아츠아게노호이코로는 다행히 땀이 날 정도로 맵지 않았고 두부도 부들부들 정말 맛있었다.
드라마에서는 아츠아게노호이코로라는 이름으로 나왔는데 더 정확한 명칭은 쟈찬도후호이코로家常豆腐回鍋肉ジャーツァンドゥフーホイコーローだ. 우리나라말로 굳이 옮기면 집에 늘 있는 두부로 만든 회과육 정도 되겠다. 삼각형으로 잘려진 두부튀김조림이 가득 들어가 있다. 드라마에서 호시낫토히나베로 나온 음식 역시 더 정확한 메뉴명은 간도쯔호이코로干豆豉火鍋다. 냄비요리인 간도쯔호이코로에는 익혀먹을 수 있는 두부, 실곤약, 팽이버섯 등이 접시에 따로 나온다.

주소 東京都葛飾区新小岩1-55-1多田ビル1F 전화 03-3656-6250 영업일 12:00-15:00, 18:00-20:00(금, 토, 일요일만 런치 영업함) (수요일은 쉼) 교통편 JR 소부선総武線 신코이와역新小岩駅 남쪽 출구南口 도보 4분

도쿄에서
귀주의 매운맛에
반하다.

아리아케테이

有明亭

시즌9 11화

극의 시작부터 고로는 꼬맹이와의 체스 혈투를 벌이다 시원하게 꼬맹이 아가씨에게 패배하고 만다. 이곳이 바로 보드 게임을 즐길 수 있는 게임카페 아리아케테이다. 의뢰인은 이 게임카페 사장이었다. 사장은 딸에게 카레 먹을 준비를 하라며 고로를 해방시킨다. 꼬맹이 아가씨는 머리를 썼더니 배가 고파진다며 한 쪽에서 카레를 먹으며 고로에게 치욕을 안겼다.

이곳은 1000가지 보드게임을 할 수 있고 카레도 유명한 카페다. 고로는 레어 물품을 이 카페 사장에게 가져온 것이라 사장은 크게 기뻐했다. 고로가 방문한 날이 영업 날이었다면 아마 카레를 먹었을 것이다. 그것은 고로가 카페에서 나가려다 말고 여기 오늘 장사 안 하지? 라고 물어보는 대목에서 알 수 있다. 가게 밖 입간판에는 고로가 이 가게에서 나왔던 부분을 캡쳐해 홍보하고 있었다. 식사만을 위해 방문하는 것도 상관없다.

아리아케테이는 '맛있다, 재밌다, 귀엽다'를 목표로 하는 보드게임카페로 초심자에게는 게임을 추천하고 게임하는 방법까지 알려준다. 카레와 커피가 이 집의 가장 대표 메뉴로 기본 카레가 650엔부터 시작한다. 카레 이외에 오므라이스, 파스타, 리조토, 샐러드 등의 메뉴도 있다. 플레이 요금은 30분에 500엔, 1시간에 900엔, 3시간에 1,800엔, 5시간에 2,500엔, 하루 종일은 3,500엔이다. 건물 외벽의 마감이 마치 지브리스튜디오의 장난감같은 느낌을 준다.

주소 東京都豊島区巣鴨1-20-13 青葉ビル 1F 전화 03-6902-9257 영업일 11:30-23:00(월, 목요일은 쉼) 교통편 JR 야마노테선山手線 스가모역巣鴨駅 남쪽 출구南口 도보 4분

오늘은 카레에 보드게임 한 판 어때?

〔 아리아케테이 노구치 나오키 제공 〕

시린고루

シリンゴル 시즌9 11화

의뢰인의 카페에서 즐겁게 게임을 즐기다 배가 고파진 고로는 말 그림에 이끌려 가게로 들어선다. 그리곤 뜨거운 밀크티인 스테짜이スーテーツァイ에 달지 않은 도넛 느낌의 보루츠쿠ボルツク를 찍어먹는다. 그리곤 감자와 피망이 들어간 냉채인 쟈가이모토피망노레이사이ジャガイモとピーマンの冷菜(420엔)까지 받는다. 이름 그대로 감자채와 피망 밖에 들어있지 않다. 심플한 맛에 침착해진 고로에게 시린고루산도シリンゴルサンド(1050엔)도 도착한다. 손바닥보다 더 넓은 전병에 몽골식 소스, 파, 오이, 달걀, 양고기, 당면을 싸서 먹는 시린고루산도는 몽골의 전통 경식이다. 전병은 4장이 나오니 적당히 양을 조절해 덜어 먹으면 될 터다.

통 수육 양갈비라 할 수 있는 챤산마하チャンサンマハ(1575엔)의 맛에 감탄하는 고로는 짜장면인 몽골식 양고기 쟈쟈멘ジャージャー麵(1000엔)과 양고기 찐만두인 보즈羊肉ボーズ(작은 사이즈 6개 735엔, 큰 사이즈 1개 315엔)까지 음미한다. 챤산마하는 양갈비가 2대 나온다. 보즈를 먹을 때는 뜨거운 육즙에 주의해야 한다.

모퉁이 건물의 반 지하에 위치한 시린고루는 1995년 내몽골인인 친게르트 씨가 일본인 동업자와 개업한 일본 최초의 몽골식당이다. 매년 약 50마리의 양을 구매해 직접 해체할 정도로 양고기 판매가 많다. 가게에서 사용하는 모든 요리에 몽골 암염을 사용하고 있는데 손님에게도 판매한다. 몽골 여행을 원하는 손님들이 있으면 가게의 스태프가 함께 몽골 여행을 떠나기도 한다. 단 코로나 시국으로 여행은 잠정적으로 중단된 상태이다.

주소 東京都文京区千石4-11-9 전화 03-5978-3837 영업일 18:00-22:30(하계휴가 및 연말연시는 쉼) 교통편 JR 야마노테선山手線 스가모역巣鴨駅 도보 4분

찬산마하 묻고 다른 메뉴로 더블로 가!

토루비루

トルーヴィル　　시즌9 12화

쌀가게에서 시계 영업을 마친 고로는 영업하던 쌀가게에서 팔던 마늘 주먹밥이 매진 돼서 먹지 못하고 배가 고파져 거리를 거닐다 토루비루로 들어간다. 그리곤 A 런치와 소 안심 생강구이牛ヒレしょうが焼き(2200엔)를 주문해 음미한다. 함바그까지 먹었지만 모자랐는지 고로는 토마토 스파게티 비슷한 나포리탄ナポリタン(700엔), 양파와 마늘을 조린 간장 맛 소스의 큼지막한 닭고기 한 장 요리인 치킨노샤리아핀チキンのシャリアピン(900엔)까지 먹는다. 치킨노샤리아핀을 주문하면 채 썬 양배추에 드레싱이 되어 나오고 슬라이스 된 토마토도 한 조각 함께 담겨 나온다. 나포리탄에는 햄, 피망, 양파가 들어간다.

A 런치는 치즈가 토핑돼 녹아든 함바그치즈노세ハンバーグチーズのせ(단품 주문 시 900엔)와 양배추샐러드, 계란국 그리고 밥으로 이뤄졌다. 수제 데미그라스소스와 치즈의 궁합이 환상적인 함바그다. 치즈가 올라가 녹은 함바그를 주문하면 채 썬 양배추에 드레싱이 되어 나오고 슬라이스 된 토마토도 한 조각 함께 담겨 나온다.

70대 노부부 단 두 분이 토루비루를 지탱하고 있다. 요리를 전문으로 하는 이나가키 할아버지는 18세에 요리에 입문했다. 서빙은 아내가 전담한다. 오너 셰프인 할아버지는 여든을 바라보는 연세지만 아직도 오토바이를 타고 물건 사입도 다니시고 배달도 폭풍질주로 다니신다.

주소 神奈川県横浜市南区真金町2-21 전화 045-251-5526 영업일 11:00-14:00, 17:00-21:00(금, 토, 일요일은 쉼) 교통편 요코하마시영지하철横浜市営地下鉄 블루라인ブルーライン 이세자키쵸자마치역伊勢佐木長者町駅 4B 출구 도보 6분

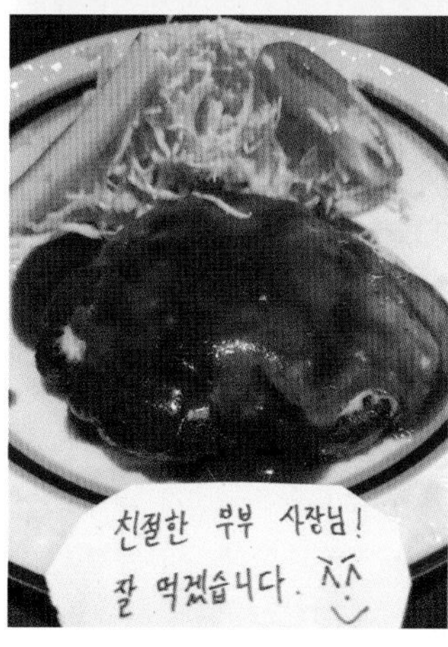

요코하마에서
노부부의 햄버그에
녹아든다.

이토고메텐

伊藤米店 시즌9 12화

쌀가게로 시계 영업을 간 고로. 그러나 가게에 주먹밥을 사러 오는 손님과 여사장의 대화를 들으며 이곳이 쌀집뿐만이 아니라 맛있는 쌀로 주먹밥도 만들어 판매하는 곳이란 걸 알게 된다. 그래서 의뢰인이 계속 시계에 대해 이야기하는데도 여사장과 손님들의 주먹밥에만 정신이 팔려 의뢰인에겐 관심 없어하는 장면이 있었다. 그리고 영업을 마치고 마늘 주먹밥을 먹으려 했지만 매진이라는 말에 급하게 배를 채울 가게를 찾아 나서게 된다.

주먹밥을 화요일 목요일 토요일에만 한정해 가게 오른편에서 판매하고 있다. 필자가 가게에 갔을 때 다른 주먹밥은 거의 팔리고 소금 맛 주먹밥만 남았다. 어쩔 수 없이 아무 것도 내용물이 없는 소금 맛 주먹밥(150엔)을 먹었는데 짜지 않고 정말 쌀밥만으로도 고소한 맛이 풍겼다. 기본적으로 가게에는 소금 맛 주먹밥이 있고 다른 2종류는 가게 주인 맘대로 메뉴가 바뀐다고 한다. 토마토 주먹밥, 마늘 주먹밥, 고구마 주먹밥 등의 메뉴가 나올 때가 있다.

주인의 성을 따서 만든 이름의 가게는 1901년 창업의 역사를 가지고 있다. 현재 주인의 증조할아버지가 밀가루, 쌀가루, 우동을 취급하며 창업한 가게라고 한다. 지금은 60세가 다 되어 가는 이토 유지伊藤雄二씨와 나오미直美씨 부부가 운영 중이다. 현재 주인은 대학생 때부터 가게의 배달을 도왔다고 한다. 주인 부부는 대학교 검도부에서 만나 부부의 연을 맺었다고 한다.

주소 神奈川県横浜市南区八幡町36 전화 045-261-4691 영업일 09:00-19:00(주먹밥 판매는 화, 목, 토요일만) (일요일, 국경일은 쉼) 교통편 요코하마시영지하철横浜市営地下鉄 블루라인ブルーライン 반도바시역阪東橋駅 4번 출구 도보 12분

요코하마 달동네에서 일본인의 소울푸드를….

오우치카훼 휘카

おうちカフェ FIKA 시즌10 1화

도쿄에서 좀 떨어진 하시모토까지 온 고로는 주택가에 위치한 '우리집 카페' fika라는 곳에서 의뢰인과 만나고 뜨거운 커피를 주문한다. 물과 뜨거운 커피를 내올 때 주인장이 서빙을 하는데 실제 이 집의 주인아저씨 오노데라 씨가 직접 출연했다. 드라마에서는 커피를 내리는 모습을 천천히 클로즈업해 보여주기도 했다.

필자가 방문한 날은 이 카페의 정기휴일이었다. 주택가 한 가운데 위치하고 있어 일부러 찾아오지 않는 이상은 우연히 발견해서 찾아오기는 쉽지 않다고 생각했다. 카페 밖을 구경하고 있는데 주인아저씨가 나오셔서 이것저것 설명해주시고 사진도 찍으라고 해주셨다. 그리고 커피도 한 잔 주신다고 카페 겸 집으로 들어가셨다. 손자가 놀러 와 있어 미안하다며 안까지 공개하진 않으셨지만 주인공 고로가 마셨던 커피잔과 받침 그대로에 커피를 담아 오셨다. 고로가 마신 커피의 정확한 명칭이 궁금하기도 하고 커피값을 내야 해서 메뉴판을 보니 핸드드립 브렌도코히ブレンドコーヒー(490엔)였다.

참고로 이 집의 커피는 커피공방珈琲豆焙煎工房 마메키치まめ吉라는 곳에서 구운 커피콩으로 커피를 내린다. 주인아저씨는 커피 값을 사양하셨지만 무전취식을 한 적이 없기에 손에 꼭 쥐어드렸다. 이따금 이렇게 돈을 받지 않겠다는 분이 몇 분 계셨다. 아저씨와 이야기를 나누다보니 주인아주머니까지 나오셨다. 그리고 한국에서 시골까지 취재를 왔다며 신기하다고 아저씨와 나를 사진 찍어 주셨다. 친절한 두 분에게 전에 출판했던 도쿄 맛집 책을 한 권 선물로 드리고 이러한 형태로 책에 게재될 것이라고 안내해드렸다.

우리집같은 카페 휘카!
주인 부부의
친절함이 빛난다.

주소 神奈川県相模原市緑区西橋本3-14-4 전화 042–715–1367 영업일 11:00–18:00(목, 일요일은 쉼) 교통편 케이오전철京王電鉄 사가미하라선相模原線 하시모토역橋本駅 남쪽 출구南口 도보 17분

요시노식당

よしの食堂

시즌10 1화

의뢰품에 대한 이야기는 하지 않고 엉뚱한 말만 하다가 끝내 자신의 용품을 도리어 고로에게 판매하는 황당한 의뢰인. 고로는 살짝 짜증이 나지만 옥상에서 '요시노식당'이라는 간판을 보고 배가 고파져 가게로 향한다. 그는 고민 끝에 소고기를 양파와 청경채 등과 볶은 규스타미나(820엔) 정식牛肉のスタミナ炒め定食 그리고 파와 달걀을 팬에 풀어 볶은 네기타마ねぎたま를 주문한다. 여기저기 붙어 있는 종이 메뉴와 옥색 테이블 그리고 의자가 아주 옛날스러운 느낌을 풍긴다. 고로는 고기를 먹어 힘이 생기고 달걀 요리를 먹어 마음이 편안해진다며 행복해한다. 옆 사람의 주문을 듣고 국물이 자작한 조림 돈카츠인 니카츠煮かつ를 추가하는 고로는 촉촉한 돈카츠의 매력에 푹 빠진다. 남은 국물과 건더기를 밥에 올려 카츠동 스타일로 변신시켜 먹기까지 한다. 바삭한 돈카츠를 굳이 적셔 먹는 것에 호불호가 갈릴 듯하다.

신쥬쿠역에서 케이오선 급행을 타고 50분 정도를 달렸을 뿐인데 빌딩 숲이 아닌 저 멀리 설산들이 보였다. 요시노식당은 역에서 그리 멀지 않았다. 건물이 매우 커서 멀리서도 잘 보이고 주차장도 넓었다. 일하시는 할머님들도 센스있게 가장 먼저 온 사람을 구석으로 순서대로 앉히고 되도록 먼저 온 순서대로 주문을 받아 차례차례 주방에 오더를 넣었다. 다행히 가장 먼저 음식을 받을 수 있었고, 맛본 규스타미나는 짭짤하고 달달해서 밥을 부르는 정말 맛있는 고기볶음 정식이었다. 이 정식에는 백김치와 미소시루가 함께 나온다.

주소 神奈川県相模原市緑区東橋本2-19-4 よしのビル 1F 전화 042-772-4717 영업일 11:00–14:30, 17:00–20:30(월요일은 쉼) 교통편 케이오전철京王電鉄 사가미하라선相模原線 하시모토역橋本駅 북쪽 출구北口 도보 10분

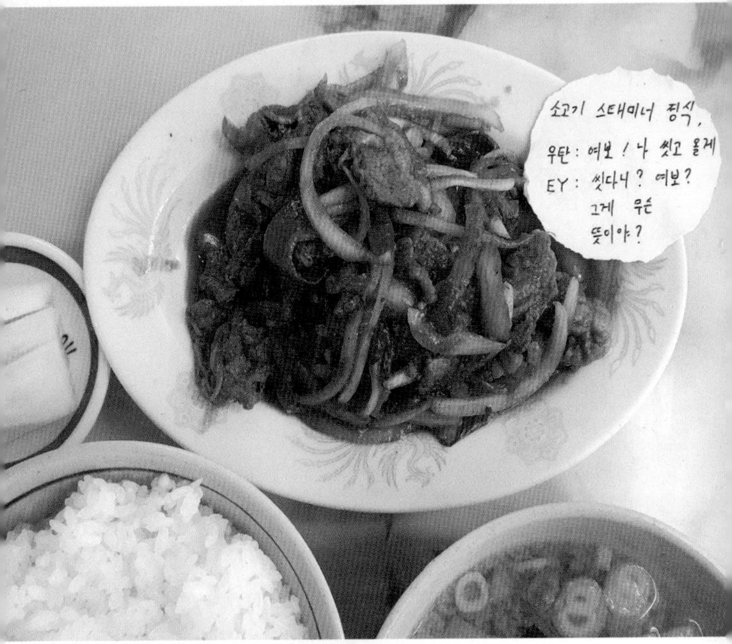

소고기 스태미너 정식,
우탄: 여보! 나 씻고 올게
EY: 씻다니? 여보? 그게 무슨 뜻이야?

2세를
탄생시킬 것만 같은
당돌한 맛!

챠베 메구로점

チャベ 目黒店

시즌10 2화

도쿄도 정원미술관을 구경하고 잔디의 테이블 의자에 앉아 잠시 쉬던 고로는 갑자기 공복을 느끼고 거리로 나선다. 그러다 인도네시아 음식이라는 입간판을 발견하고 흥미를 느껴 가게로 들어선다. 고로는 인도네시아 대표 볶음밥인 나시고렝ナシゴレン(990엔), 매콤한 소고기 조림인 룬당ルンダン(1650엔), 매콤한 소내장조림 스프인 소토바밧토ソトババット(미니 사이즈 660엔), 인도네시아 홍차, 치킨과 양송이가 들어간 면요리인 미아야무ミーアヤム(935엔)을 주문해 차례차례 즐긴다.

나시고렝 위에는 계란프라이 하나가 올라가고 토마토 슬라이스가 하나 접시에 곁들여진다. 그리고 오이와 당근무침, 양배추 슬라이스가 곁들여진다. 고수가 잘 들어가는 동남아시아 음식이 많아 걱정을 한 가득하고 있었는데 나시고렝에는 이상한 향신료 냄새가 일체 없어 안도감이 들었다. 밥을 다 먹으면 홍차나 다른 음료 중 하나를 고르라고 한다. 나시고렝은 밥 양을 많게 주문해도 가격의 변동이 없었다. 한편 카레 베이스 국물로 맛을 낸 소토바밧토에는 당면이 들어가 있다.

가게 이름인 챠베는 인도네시아어로 고추를 뜻한다. 동남아시아 손님들이 많은데 히잡을 두른 이슬람교 여성 손님만 봐도 일본색이 느껴지지 않는 가게임을 알 수 있다. 가게 홀 벽면 TV 위에는 인도네시아 국기가 걸려 있고 인도네시아의 분위기를 느낄 수 있는 소품이 입구부터 즐비하다. 홀 벽면 칠판에는 영어와 일본어로 메뉴들이 가득 쓰여 있다. 가게 오너는 인도네시아 자바에서 유학한 경험이 있는 일본인이다.

주소 東京都品川区上大崎3-5-4 第1田中ビル 2F 전화 03-6432-5748 영업일 11:30-14:30, 17:30-22:00(일요일, 국경일은 쉼) 교통편 JR 야마노테선山手線 메구로역目黒駅 동쪽 출구東口 도보 5분

메구로에서 인도네시아의 향기가 밀려온다.

킷친 카훼 바루

キッチン・カフェ ばる 시즌10 3화

요코하마의 상징인 랜드마크타워와 케이블카가 보이는 니폰마루 메모리얼파크에서 고객에게 힘겨운 연애 상담을 해주던 고로는 체력과 기력을 모두 잃고 배가 고파진다. 지하철 출구를 나오자마자 바로 눈에 보이는 밥집 바루를 보고 가게로 접근한다. 가게 옆으로 신선한 해산물들이 놓인 것과 귀여운 간판을 보고 고로는 가게로 들어선다. 노른자와 참기름, 깨, 파 등이 들어간 이 집의 오리지널 메뉴 참치육회덮밥인 마구로노육케돈부리まぐろユッケ丼(정식 1300엔), 오로라소스가 뿌려진 참돔소테인 마다이노소테真鯛のソテーオーロラソース(정식 1300엔)를 주문한다. 오로라 소스는 이 집에서 만드는 오리지널 소스다. 고로는 옆 손님이 먹는 연어구이와 연어알덮밥인 샤케이쿠라노오야코메시돈부리鮭といくらの親子めし丼, 돔튀김인 타이후라이鯛フライ, 치즈 함바그チーズハンバーグ, 황새치 버터구이에 시선을 빼앗기며 흥분한다. 그래서인지 고로는 연어알과 치어덮밥인 이쿠라토시라스노돈부리いくらとしらすの丼(정식 1300엔), 따끈따끈 바삭바삭한 수제 멘치카츠メンチカツ(정식 1200엔)를 추가 주문해 음미한다. 멘치카츠는 민스커틀릿의 일본식 약자로 기계로 갈거나 다진 고기에 잘게 다진 양파 등을 넣고 소금과 후추로 간을 한 후 빵가루를 묻혀 기름에 튀긴 요리다. 어떤 요리든 정식을 주문하면 톳, 숙주, 무를 데쳐 만든 세 가지 반찬이 곁들여 나온다.

드라마상 호방한 성격의 여사장은 실제 여주인인 와타나베 테루요 씨를 모델로 한 캐릭터이다. 창업 29년이 된 식당이다.

주소 神奈川県横浜市中区花咲町2-64 전화 045-243-9671 영업일 11:00-15:00(일요일은 쉼) 교통편 JR 네기시선根岸線, 케이힌토호쿠선京浜東北線 사쿠라기쵸역桜木町駅 서쪽 출구西口 도보 4분 / 요코하마시영지하철横浜市営地下鉄 사쿠라기쵸역桜木町駅 남1번 출구 도보 10초

핑크빛 오로라 소스 마법에 빠진 참돔!

비스토로 쿠로카와

ビストロ KUROKAWA 시즌10 4화

지인 부인의 주얼리박스를 소개해주고 나온 고로는 배가 고파져 주택가를 맴돌다가 겨우 한 식당을 발견하고 기쁨에 뛰어간다. 그리곤 우설스튜 오무라이스인 규탄시츄노오무라이스牛タンシチューのオムライス(1400엔), 바질 풍미의 야채스프, 소라와 버섯의 프로방스풍 요리인 사자에토키노코노후로방스후サザエとキノコのプロヴァンス風(968엔, 바게트 포함)를 주문해 음미한다.

후로방스후는 토마토와 마늘과 허브를 쓴 요리를 말한다. 규탄은 소의 혀인데, 한국에서는 선호하는 부위가 아니어서인지 왠지 모르게 소에게 미안한 기분이 든다. 고로는 음식으로도 모자라 디저트 모둠인 데자토노모리아와세デザート盛り合わせ(단품 748엔, 점심식사에는 400엔 추가, 저녁식사에는 250엔 추가로 주문 가능)를 음미한다. 이것에는 오렌지샤베트, 홍차 푸딩, 크림 치즈 무스, 자몽, 바나나타르트가 앙증맞은 사이즈로 나오는 녀석이다. 디저트 메뉴는 날마다 조금 바뀔 수 있다.

가게의 런치는 A, B로 나뉘어 있다. 1300엔인 A 런치는 오늘의 스프+메인 디쉬+빵+커피 혹은 홍차이고 1450엔인 B 런치는 오도부루 모둠オードブル盛り合わせ(프랑스어로 식전 요리)+메인 디쉬+빵+커피 혹은 홍차로 이뤄져 있다. 메인 디쉬에는 7가지 요리가 있는데 영계, 돼지고기, 생선, 파스타, 게, 소고기 채끝살, 소 혀 요리 중 하나를 고르는 방식이다.

하지만 고독한 미식가 팬들이 점심에 먹을 수 있는 메뉴는 양식 메뉴란에 있다. 바로 d메뉴인 규탄시츄오무라이스와 메뉴판 빈 공간에 손글씨로 써진 사자에토키노코노후로방스후 두 가지다. 사자에토키노코노후로방스후에는 바게트빵이 4조각 나오는데 오독오독한 소라와 버섯이 들어간 프로방스풍 소스를 빵에 얹어 먹으면 되는 식이다. 큼지막하게 소혀구이가 올라가 데미그라스 소스에 샤워한 오무라이스 역시 인기 런치다. 오무라이스를 받으면 작은 샐러드와 스프가 쟁반에 같이 나온다.

가게 이름은 남자 주인장인 쿠로카와 마모루 씨의 성에서 따왔다. 드라마 방영 후 손님이 넘쳐서 완전예약제로만 운영 중이다.

주택가에 위치해 뜬금없이 맛있는 고품격 프랑스 양식!

[쿠로카와 마모루 제공]

주소 埼玉県新座市栄2-7-34 전화 048-423-9680 영업일 11:00-12:30, 13:00-14:30, 18:00-21:30 교통편 세이부철도西武鉄道 이케부쿠로선池袋線 오이즈미가쿠엔역大泉学園駅, 토민노엔都民農園バス亭 버스정류장 하차, 도보 13분

야마요코사와

山横沢 시즌10 7화

정신 사나운 골프강사 고객과의 상담을 도망치듯 마치고 나온 고로는 배가 고파 식당을 찾는다. 옆 손님의 마늘버터밥인 가릭쿠바타라이스(500엔), 마파 여주 요리에 시선을 빼앗기는 등 끝없는 고민 끝에 고로는 돼지고기 절임을 증류주로 졸인 후 소금기를 빼고 다시 삶은 요리인 스치카スーチカ(680엔), 여주, 숙주, 당근 등을 고기와 볶은 밀기울 후우참푸루ふうちゃんぷる(780엔), 자스민차인 산핀차さんぴん茶, 토마토카레츠케소바とまとカレーつけそば(1200엔), 연골부위 돼지고기인 소키ソーキ를 주문해 차례차례 음미한다. 그 중에서도 북쪽 대지에서 온 소바가 가장 맛있다며 극찬한다. 그것도 부족했는지 옆 손님의 오키나와젠자이沖縄ぜんざい 빙수까지 훔쳐보는 고로였다.

토마토카레츠케소바는 토마토와 고기가 카레에 푹 삶아져 나온 국물에 약간 딱딱하고 식은 소바면을 찍어먹는 요리다. 이곳의 소바는 홋카이도의 미나미후라노에서 생산된 녀석으로 만든다. 필자는 츠케멘 형태로 먹다가 소바에 맛있는 카레가 베지 않고 겉돌아서 어느 정도 먹다가는 아예 소바면을 다 카레 그릇에 넣고 조금 시간이 지나서 먹었다. 그랬더니 정말 맛있는 뜨근한 소바면이 됐다. 카레 자체는 우리가 보통 생각하는 카레보다 훨씬 걸쭉하지 않는 카레형태로 맛이 정말 좋아서 밥을 말아 먹고 싶은 심정이었다.

스치카에는 여주와 파가 잔뜩 들어가 있는데 함께 나오는 레몬을 즙 내 뿌려 먹으면 새콤한 맛을 즐길 수 있다.

고로가 먹은 음식 모두를 맛볼 수 있는 메뉴를 3940엔에 만들어 내놓고 있다.

주소 東京都渋谷区笹塚1-58-9 전화 080-6709-1589 영업일 11:30-14:30, 17:00-20:30(월요일는 쉼) 교통편 케이오전철京王電鉄 케이오선京王線, 케이오신선京王新線 사사즈카역笹塚駅 북쪽 출구北口 도보 1분

소바에 카레? 게다가 토마토? 의심하지 말지어다.

카유나보

粥菜坊 시즌10 10화

이상한 투자 얘기를 하는 주인으로부터 다행히 탈출한 고로는 배가 고파져 가게를 찾는다. 메뉴판을 보다가 옆자리 아가씨들이 먹는 에비칠리와 군만두를 보며 입맛을 다신다. 고로는 슈마이노신지츠しゅうまいの真実(4개 528엔), 홍콩과 광저우에서는 메이저 음식이라는 돼지고기 쵸훈腸粉(1개 638엔), 완탕멘雲呑麵(1078엔), 조선인삼죽朝鮮人参粥(913엔), 카키노츄카오코노미야키牡蠣の中華お好み焼き(748엔)를 주문한다.

이 가게의 가장 인기메뉴인 쵸훈은 멥쌀 반죽으로 간장 맛이 밴 돼지고기를 감싸 찐 것이다. 수분이 많게 쪄졌기 때문에 탱글탱글한데 양념은 간장 베이스라 검다.

이곳의 완탕멘의 면은 매우 가늘지만 대단히 탄력이 넘친다. 가게에는 일본에서 보기 드문 홍초가 있는데 살짝 담갔다가 완탕멘을 먹으면 새로운 맛을 느낄 수 있다고 한다. 탱글탱글한 완탕이 들어간 이곳 완탕멘의 면은 죽승면竹昇麵이라는 독특한 면을 사용한다.

카키노츄카오코노미야키는 우리나라의 부침개와 거의 흡사하다. 이름에 굴이라는 단어가 들어가지만 굴 알맹이가 통째로 들어가 있진 않다.

간이 확실하게 되어 있는 이 가게의 슈마이는 목이버섯과 돼지고기 그리고 새우 등이 들어가 있다.

카유나보는 일본인 야마모토 히로카즈 씨와 중국 광저우 출신의 쟈오싱밍 씨 부부가 운영 중으로 창업 18년을 맞이했는데 점내는 2인용 테이블 4개와 애매한 크기의 원형 테이블이 전부로 비좁다.

주소 神奈川県川崎市中原区今井南町4-12 전화 050-5597-5227 영업일 화, 수, 금 11:30-14:00, 18:00-21:00 / 토, 일, 국경일 11:30-15:00, 17:00-21:00(월, 목요일은 쉼)
교통편 토큐전철東急電鉄 토요코선東横線 무사시코스기역武蔵小杉駅 남쪽 출구南口 도보 7분

작은 식당에서 중화요리가 꽃 피운다.

〔 카유나보 제공 〕

라 타베르나

la teverna

시즌10 12화

연말 오피스가에서 점심식사를 위해 쏟아져 나오는 사람들의 인파에 배고픔을 느낀 고로는 지지 않겠다는 마음으로 가게를 찾아 나선다. 양식 메뉴에 이끌려 들어간 가게에서 고로는 옆 손님의 에비도리아, 네로(오징어먹물이 들어간 리조또)에 시선이 가지만 끝내 특제 미토로후特製ミートローフ 하프 세트(1000엔, 미니샐러드+음료(커피, 오렌지쥬스, 사과쥬스, 홍차, 우롱차 중에 택일할 수 있다) 또는 미니샐러드+디저트(크레무브류레, 티라미수, 타르트, 바닐라아이스크림 중 택일할 수 있다) 또는 샐러드 대짜 셋 중에서 택일할 수 있다), 새우와 아보카도가 듬뿍 들어간 오일 베이스 스파게티 미스키아레ミスキアーレ 하프 세트(1000엔, 미니 샐러드+크레무브류레crème brûlée)를 주문해 차례차례 음미한다. 미토로후는 버터라이스와 스파게티 그리고 큼지막한 고기로 이뤄져 있어 말은 하프 사이즈지만 꽤나 포만감을 주고 3가지 요리를 한꺼번에 맛볼 수 있어 좋은 메뉴다. 미토로후는 여러 종류의 버섯이 들어간 데미그라스 소스가 듬뿍 올라간다. 고로 옆 남자가 먹어 고로를 깜짝 놀라게 한 메뉴는 오징어먹물이 들어가 새까만 스파게티인 네로(1100엔)였다.

여주인 야마모토 노리코 씨가 이끄는 라 타베르나는 어느덧 창업 45주년을 맞이했다. 2층에 위치한 가게의 이름은 이탈리아어로 선술집이나 대중식당이라는 뜻이라고 한다. 가게 테이블과 의자 모두 원통 나무를 이용하고 있어 특색이 있지만 점내는 매우 좁다. 런치와 디너 사이에 휴게 시간 없이 운영하는 점이 좋다. 모든 메뉴가 테이크아웃 가능하다.

일본의 국민적인 그룹이었던 아라시의 멤버 마츠모토 준과 아이바 마사키도 방송으로 통해 이곳에서 식사를 해 아라시 팬들의 성지 식당이기도 하다.

주소 東京都千代田区六番町1-1 2F 전화 03-3262-8946 영업일 11:00-22:00(일요일, 월요일은 쉼) 교통편 도쿄메트로東京メトロ 유라쿠쵸선有楽町線 코지마치역麹町駅 5번 출구 도보 2분

양식집이 이렇게 합리적인 데다가 맛있다니!

츠키지칸노 본점

つきじかんの 本店

시즌10 12화

고로는 12월의 어느 날 지인을 만나기 위해 츠키지의 장외시장을 찾는다. 먹거리 상점가를 걷다가 어디서 본 듯한 사람을 보고 눈인사를 나눈다. 어디서 본 듯한 이 사람이 바로 고독한 미식가의 원작가 쿠스미다. 시즌의 마지막화에 카메오로 자주 출연하고 있는데 이번에는 초밥을 먹으며 고로와 스쳐 지나는 것으로 출연했다. 쿠스미가 초밥을 먹다가 고로가 만난 이 가게가 츠키지칸노라는 가게다. 쿠스미가 먹던 초밥은 추천초밥모둠이라고 할 수 있는 오마카세니기리おまかせにぎり(2500엔)라는 메뉴였다.

츠키지 장외시장에 츠키지칸노가 다섯 군데가 있는데 고독한 미식가를 촬영한 점포는 본점이었다.

드라마에서 가게가 나온 장면을 캡처해 친절하게 붙여놓았다. 츠키지시장이라는 유명 지역 특성상 주말에는 더욱 사람들로 혼잡한데 그래도 골목길 내 카운터석에서 먹는 재미가 있다. 호객하는 할머니가 계시다.

주소 東京都中央区築地4-9-5 전화 050-5595-6082 영업일 04:30-16:00(연중무휴) 교통편 토에이지하철都営地下鉄 오에도선大江戸線 츠키지시죠역築地市場駅 A4 출구 도보 1분 / 도쿄메트로東京メトロ 히비야선日比谷線 츠키지역築地駅 1번 또는 2번 출구 도보 1분

스시의 본고장에서 초밥에 눈떠라!

에비스야

ゑびす家

출장을 마치고 밤늦게 도쿄 시바마타로 돌아온 고로는 우연히 의뢰인으로부터 장어를 먹을 수 있는 에비스야는 아직 장사를 하고 있을 거라며 그리로 가볼 것을 전한다. 고로는 기쁜 마음에 그리로 향한다. 그리곤 장어덮밥인 우나쥬うな重(3780엔)를 주문해 즐긴다.

그것도 생방송으로 말이다. 편집 없이 생방송으로 먹방을 진행한 매우 드문 방송을 한 것이다. 고로 역을 맡은 배우는 드라마가 끝나는 시간에 맞추기 위해 다 먹지도 않은 채, 고찌소사마데시타를 외쳐버리는 일까지 있었다. 생방송의 묘미다. 의뢰인으로 등장한 아저씨의 대사가 잘리면서 드라마가 끝나니 말 다했다. 그래도 정말 신선한 방송이었다. 1783년 개업한 이 장어구이집은 참배길에 위치해 있다. 고로가 먹은 우나쥬는 장어구이 가격이 많이 올라 비싸기 때문에 대신 장어구이가 조금 올라간 녀석인 카와우오고젠川魚御膳(2750엔)으로 살짝 메뉴를 바꿔보는 것도 방법이다.

이곳은 일본드라마 중년 남성의 연애와 맛집에 대해 다룬 '도쿄 센티멘탈' 1화에서 주인공들이 장어덮밥을 먹던 곳으로, 주인공의 설명까지 곁들여 비중 있게 등장했다.

에비스야에 오기 위해선 시바마타역을 무조건 이용해야 하게 되는데, 이곳은 일본에서 굉장히 유명한 옛날 드라마인 '남자는 괴로워'의 주요 배경지여서 역 플랫폼부터 이 드라마 사진으로 온통 도배되어 있고 역사를 나와서도 드라마 남자 주인공의 동상까지 떡하니 서 있어서 관광객들의 포토 스팟으로 애용되고 있다. 고독한 미식가에서도 이 남자 주인공의 동상을 화면에 비춰줬었다.

장어덮밥의 고소한 위력! 여보 나 씻고 올게!

주소 東京都葛飾区柴又7-3-7 전화 03-3657-2525 영업일 11:00-19:00(월4회 부정기적 휴무 있음) 교통편 케이세이전철京成電鉄 카나마치선金町線 시바마타역柴又駅 출구(출입구가 1개뿐) 도보 1분

츠루야

つるや

SP 정월 스페샬 이노가시라 고로의 긴 하루 편

사막의 식당에서 총에 맞아 죽는 꿈을 꾸고 일어난 고로는 배고픔을 느끼고 오래전에 갔었던 숯불구이 고깃집 츠루야로 향한다. 그렇다. 이 가게는 이미 시즌1 8화에 등장한 가게다. 고로는 해안가 공장지대의 굴뚝 연기를 보며 불에 구워지는 야키니쿠焼肉를 떠올렸고 결국 츠루야에 갔던 것이다. 이 가게에서 고로는 갈비인 가루비カルビ(1050엔), 안창살인 하라미ハラミ(1050엔), 곱창(소장, 790엔), 양파 당근 피망 등 야채가 몇 종류 나오는 양고기 징기스칸ジンギスカン(1430엔), 흉선인 시비레シビレ(790엔)를 쌀밥 그리고 드레싱이 뿌려져 새콤한 채 썬 산더미 양배추와 함께 먹는다.

징기스칸이나 가루비 등을 주문하면 맵게 먹을지 물어보는데 맵게 해달라고 주문해도 한국인의 입맛에는 그다지 맵지 않다. 맵게 먹을 것이냐 물어보는 것은 고춧가루를 듬뿍 고기에 뿌릴까의 의미다. 재일 교포 한국인 가족분들이 경영하는 가게라 반가운 곳이다. 주인아주머니께서 약간 부족한 발음이지만 간단한 한국말을 해오셨다. 오픈 한 시간 전에는 기다려야 먹을 수 있을 정도의 엄청난 인기 식당이다. 오픈하고 착석했다면 한꺼번에 주문을 몰아서 하는 것이 좋다. 직원이 다시 추가 주문하면 엄청 오래 기다려야 한다고 친절히 설명해준다. 혼자 가더라도 카운터석에 1인 가스화로가 있어 부담감이 없다. 가루비는 대단히 균일하게 금방 익혀 먹었지만 시비레는 겉만 익고 안에는 익지 않은 것 같이 오도독거리는 느낌을 선사했다. 계산을 마치고 나니 롯데껌을 하나 주셔서 오랜만에 껌을 씹으며 즐겁게 역까지 돌아갔다.

주소 神奈川県川崎市川崎区日進町19-7 전화 044-211-0697 영업일 월, 수, 목, 금 18:30-21:30(화, 토, 일요일은 쉼) 교통편 케이힌큐코전철京浜急行電鉄 케이큐혼선京急本線 핫쵸나와테역八丁畷駅 동쪽 출구東口 도보 5분

재일교포 가족이 일하는 친절한 야키니쿠의 정석!

사이사이 식당

蔡菜食堂

SP 정월 스페샬 이노가시라 고로의 긴 하루 편

'상하이 중화요리'라는 간판을 보고 발걸음을 멈춘 주인공. 고로는 간과 부추를 달고 맵게 볶은 레바니라이따메レバーにら炒め(950엔), 토마토와 달걀을 풀어 볶은 토마토타마고이따메トマト卵炒め(1100엔), 찜닭인 바이체지白切鶏, 물만두인 스이교자水餃子(3개, 300엔)를 주문해 차례차례 음미한다.

토마토계란볶음은 중국 가정식의 대표 메뉴다. 바이체지에는 고수가 토핑되어 나오기 때문에 고수에 약한 사람은 제거하고 먹기를 바란다. 마늘간장에 닭고기를 찍어 먹으면 된다. 이곳의 물만두에는 부추 대신에 푸성귀가 많이 들어가 있다고 한다. 고로는 후식으로 참깨소가 들어간 하얀 물경단인 고마단고ごま団子(4개, 450엔)을 주문해 음미한다. 고마단고 안에는 고소한 검은 깨가 들어가 있다.

상해 출신 69세의 주인아저씨 채재생 씨와 역시 상해 출신 주인아주머니 왕매옥 씨가 2005년 문을 연 가게로, 이름은 아저씨의 성을 따서 만들었다. 주인아저씨는 1988년, 31세 나이에 일본으로 건너와, 야키토리 전문점에서 17년간 일하고 독립해 사이사이식당을 차렸다.

주소 東京都中野区中野3-35-2 渡辺ビル 1F 전화 03-5385-6558 영업일 17:00-22:30(일요일은 쉼, 목요일 부정기적 휴무 있음) 교통편 JR 츄오소부선中央·総武線 나카노역中野駅 남쪽 출구南口 도보 3분

중국가정요리 대표주자 계란토마토볶음의 새콤한 유혹~

테키사스 츠다누마점

テキサス 津田沼店 SP 정월 스페샬 이노가시라 고로의 긴 하루 편

의뢰인의 영어 번역 부탁으로 사무실에서 밤늦게 까지 일한 고로는 더 이상 참을 수 없어 여러 고민 끝에 배를 채우러 거리로 나선다. 그리고 '스테이크'라는 간판에 이끌려 테키사스 츠다누마점으로 들어선다. 고로는 맛있는 리브스테키リブステーキ(300그램, 2380엔)를 미디엄레어 굽기로, 마늘볶음밥인 가릭쿠라이스ガーリックライス(하프, 350엔)까지 주문해 즐긴다.

극중에서도 그렇지만 실제로도 마늘볶음밥을 직원이 와서 숟가락 두 개를 이용해 다진 마늘과 병에 담긴 특제 소스를 넣고 맛나게 비벼준다. 들어가는 토핑이라곤 마늘을 제외하면 쪽파가 다이지만 지글지글거리는 소리가 식욕을 자극한다. 주문할 때 마늘 양을 어떻게 할지를 물으니 기호에 맞게 대답하면 된다.

테키사스는 최고급 호주산 소고기 리브로스를 사용한다. 고로가 먹은 리브스테키에는 콘과 감자 튀김 그리고 강낭콩이 곁들여진다. 감자튀김이 없을 때는 으깬 감자로 대체되기도 한다. 스테이크 위에는 사각 버터가 조그맣게 올라가 고소한 풍미를 가미한다. 스테이크가 나오는 철판은 뜨겁기 때문에 화상에 주의해야 한다. 고로는 300그램(3300엔)의 고기를 주문했지만 180그램(1980엔), 240그램도 있기 때문에 주머니 사정을 고려해 주문하면 된다. 이 가게는 미 서부 황야의 음식점 같은 분위기를 풍긴다.

주소 千葉県習志野市津田沼2-6-34 전화 047-477-9917 영업일 월-금 17:00-01:00 / 토, 일, 공휴일 12:00-15:00, 17:00-01:00(연중무휴) 교통편 케이세이전철京成電鉄 치바선京成千葉線 케이세이츠다누마역京成津田沼駅 북쪽 출구北口 도보 5분

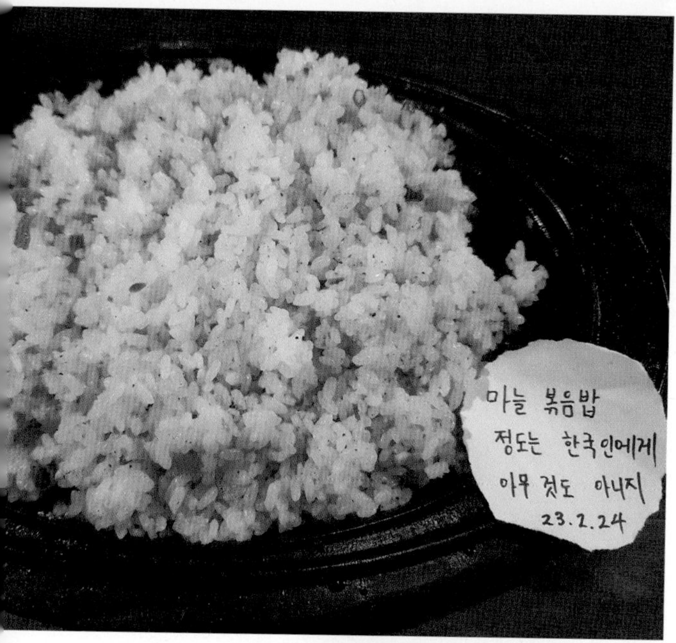
마늘 볶음밥
정도는 한국인에게
아무 것도 아니지
23.2.24

서부의
육식 무법자여!
마늘을 두려워 말라.

TEXAS
OPEN
P
50メートル先

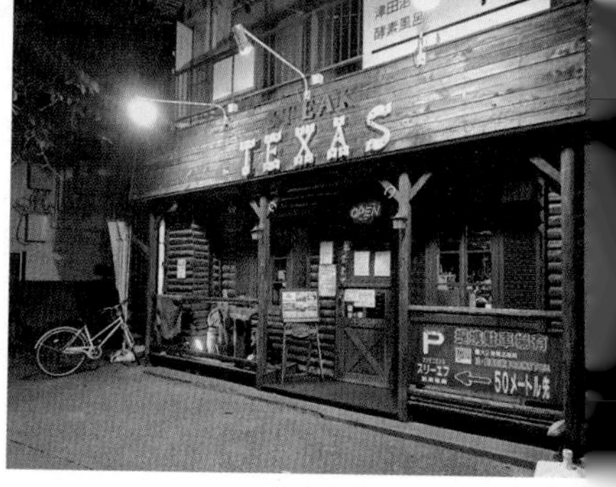

믹키반점

ミッキー飯店　　고독한 미식가 맛있지만 씁쓸해, 이노가시라 고로의 재난 1화

접골원에서 안마를 받던 고로는 허기를 느낀다. 어느 중화요리집으로 들어서지만 만석이라 돌아가려는 찰나 합석을 제의받고 자리에 앉게 된다. 앞자리 아주머니의 참견에 고민하다가 결국 가게의 이름을 건 믹키라이스(750엔)를 주문한다. 하지만 재료가 떨어져 마늘 볶음밥인 검은 닌니쿠챠항ニンニクチャーハン(730엔)으로 메뉴를 변경한다. 앞자리 아주머니는 믹키라이스ミッキーライス를 먹으며 고로를 놀린다. 고로는 제대로 집중하지 못한 채 식사를 진행한다.

고로가 먹지 못해 안달이 났던 매콤한 믹키라이스는 간, 돼지고기, 당근, 버섯, 부추 등이 들어간 걸쭉한 덮밥음식이다. 개인적으론 양이 대단히 많아 놀랐다. 고로가 먹은 검은 닌니쿠챠항은 730엔이다. 갈은 고기가 들어간 닌니쿠챠항은 2대 점주가 고안한 음식이다. 믹키반점의 오리지널 메뉴인 믹키라이스는 이 가게의 최고 인기 메뉴다. 많은 매체에서도 믹키라이스를 다루지, 고로가 먹은 닌니쿠챠항을 다루진 않았다. 고독한 미식가 제작진은 왜 가게의 간판메뉴인 믹키라이스가 아닌 닌니쿠챠항을 선택해 소개했을까? 초대 점주는 손님으로부터 스테미너가 붙을만한 메뉴가 없냐는 말을 듣고 간이 들어간 믹키라이스를 고안했다고 한다. 간이 큼지막하게 3개 정도는 들어가 있는데 덕분에 정말 고소한 맛이 난다.

믹키반점은 1969년 에비스에서 개업한 가게로 현재는 이곳 나카노사카우에의 한적한 주택가에서 2대 주인인 아들 타카하시 스스무 씨가 운영하고 있다.

카운터석이 있어 필자같은 1인 손님에겐 반갑다. 다만 테이블자리는 4인석 2개가 전부로 좁다.

20년 만에
화생방 훈련에
참가한 기분!
그러나 고소하다.

주소 東京都中野区本町2-17-4 전화 03-3374-9677 영업일 11:30-14:00, 17:00-21:00(일요일은 쉼) 교통편 도쿄메트로東京メトロ 마루노우치선丸ノ内線 나카노사카우에역中野坂上駅 3번 출구 도보 7분

스에젠

末ぜん　　고독한 미식가 맛있지만 씁쓸해, 이노가시라 고로의 재난 3화

점심식사 라스트 오더 전 무사히 가게에 도착한 고로는 연어구이가 포함된 정식인 샤케테이쇼쿠鮭定食를 음미한다. 그러나 직원들이 먹는 밀라노풍 카츠레츠와 특제 크림 스튜, 연어와 카라스미 필라프에 눈길을 빼앗기고 만다.
연어구이정식을 주문하면 밥과 미소시루가 나오고 연어구이가 담긴 접시에 간 무, 고기와 우엉조림, 달걀말이 한 점이 함께 나온다. 연어 회보다 연어구이가 훨씬 맛있다는 사실을 새삼 느끼게 된다. 오렌지빛 연어살을 보는 것만으로도 흥분되기에 충분하다. 가게는 카운터석이 있어 고독한 미식이 편안하다. 가게 내부는 이렇다 할 소품도 특이점도 없이 깔끔하다.
현재 창업 54년을 자랑하는 이 가게는 2대째 부부와 3대째 아들 호리이 켄타 씨가 운영하고 있다. 초대 점주 호리이 스에키치 씨는 큰 식당에서 조리장을 하다가 긴자에서 독립한 가게를 내었는데 자식들이 태어나며 육아하기 좋은 집의 1층으로 가게를 옮겼다고 한다. 그래서 스에젠의 본래 이름은 초대점주의 이름 그대로 스에키치였었다. 하지만 초대점주는 아들이 스무 살 무렵 사망했고 이에 아들이 어머니와 함께 가게를 운영하게 되었던 것이다. 3대 주인장은 손님으로부터 "가게가 아직 있구만, 변하지 않는 맛이군." 이라는 평가를 받으며 자신이 어렸을 적 모습을 기억해주는 것이 가장 기쁘다고 한다.

주소 東京都渋谷区猿楽町20-8 전화 03-3461-8234 영업일 월-금 11:00-14:00, 18:00-20:30 / 토요일 11:00-14:00(일요일, 공휴일은 쉼) 교통편 토큐전철東急電鉄 토요코선東横線 다이칸야마역代官山駅 서쪽 출구西口 도보 3분

그동안 외면해 온 연어에 대한 반성! 연어 성애자가 되다.

콘비비아리테

convivialite

고독한 미식가 맛있지만 씁쓸해, 이노가시라 고로의 재난 4화

고로는 극의 시작부터 일은 안중에도 없고 의뢰인의 빵가게에서 빵에 정신이 팔려 혼자 군침을 흘리고 있었다. 그러자 그런 고로를 보던 여주인은 고로에게 직접 먹어봐야 프랑스풍 인테리어에 대한 아이디어가 더 잘 떠오를 거라며 빵을 먹으라고 권한다. 고로는 어쩐 일인지 염치도 없이 계속 빵을 호명한다. 고로는 메론빵メロンパン(180엔), 크리무빵クリムパン, 크로왓상クロワッサン(300엔), 팥소빵인 츠부앙팡つぶあんパン, 딸기크림코로네인 이치고크리무코로네いちごクリームコロネ, 팥버터샌드인 앙바타산도あんバターサンド, 캄파뉴산도カンパーニュ サンド, 식빵食パン까지 주인이 담게 만든다.

이곳은 50대인 남주인이 빵 교실까지 운영하는 빵집이다. 주택가에 위치한 이 가게 내외부는 모두 깔끔하다.

고로가 원했던 메뉴 중 딸기크림코로네는 계절 메뉴라 겨울에는 맛 볼 수 없다. 필자는 점원의 추천을 받아 속 내용물만 딸기크림에서 초코크림으로 바뀐 초코크림코로네를 구입했다.

주택가에 위치한 이 가게는 내외부 모두 깔끔하다. 고독한 미식가를 보고 한국에서 왔다고 하니 주연배우의 사인을 보여주고 "기념사진을 찍어드릴까요?" 하고 중년의 여성 점원 두 분이 묻기까지 한다. 이 가게의 밀가루는 30종류를 배합한 것으로 일본산 밀가루 8할에 프랑스산 밀가루 2할을 섞어 쓴다. 프랑스산 밀가루는 브랜드 밀가루로 이름이 높은 VIRON의 밀가루를 쓴다고 한다.

주소 東京都世田谷区北沢5-14-14 전화 03-5453-0665 영업일 화-금 10:00-19:00, 토, 일, 공휴일 09:00-19:00(월요일은 쉼) 교통편 케이오전철京王電鉄 케이오선京王線 사사즈카역笹塚駅 남쪽 출구南口 도보 5분

세련된 가게, 친절한 직원! 고마워요.

샤쇼쿠도

社食堂

고독한 미식가 맛있지만 씁쓸해, 이노가시라 고로의 재난 4화

의뢰인에게 좋은 아이디어를 준 고로. 의뢰인과 이야기를 나누며 회사를 걷다가 국을 담고 고기를 굽는 요상한 풍경을 맞이한다. 바로 회사 구내식당과 맞이한 것이다. 고로가 멍하니 바라보고 있자 의뢰인은 회사 사장의 고집으로 사내식당이 있다며 고로에게 설명한다. 사원 이외의 사람도 먹어도 된다며 먹어보라는 권유에 고로는 응한다. 고로는 결국 매일 메뉴가 바뀌는 '오늘의 정식인 히가와리테이쇼쿠日替わり定食(1100엔)를 주문해 음미한다. 고로는 이 날 닭고기 차슈와 고등어 카레 된장구이인 사바노카레미소즈케야키 중에 닭고기 정식을 선택해 음미한다. 그리고 산초키마카레山椒キーマカレー(1100엔)와 일본풍 아보가토和風アフォガート까지 주문한다.

필자가 받은 닭고기는 매우 바삭했다. 그리고 반찬으로 시금치무침, 숙주나물무침이 나왔고 미소시루국도 나왔다.

식당으로 들어서는 계단 오른편으로 책장이 있는데 건축 관련 책들이다. 반지하에 위치한 이 식당의 주요 메뉴인 '매일 바뀌는 정식'은 고기류와 생선류 둘 중에 하나를 고르는 시스템이다. 이 식당은 건축설계사무소의 식당이지만 회사와 전혀 관련 없는 외부 사람들도 많이 이용한다. 고기 정식이 매일 바뀌기 때문에 고로가 먹었던 닭고기차슈를 먹을 수 있다는 보장이 없다.

주소 東京都渋谷区大山町18-23 B1F 전화 03–5738–8480 영업일 11:00–21:00, 11:30–19:00(수요일은 오후 5시까지 영업하는 경우 있음) (일요일, 공휴일은 쉼) 교통편 도쿄메트로東京メトロ 치요다선千代田線 요요기우에하라역代々木上原駅 서쪽 출구西口 도보 8분

서빙 여직원의 눈웃음에 미각 상실 상태! 위험해!

캇파야키소바 키하치 아사쿠사바시 본점

かっぱ焼きそば 喜八 浅草橋本店

고독한 미식가 맛있지만 씁쓸해, 이노가시라 고로의 재난 5화

고로는 화상회의 30분 전 밥을 먹기 위해 길거리에서 소금 야키소바焼きそば 도시락을 산다. 하지만 실연당한 아주머니 때문에 시간을 낭비하고 결국 화상회의가 끝나고 식은 야키소바를 전자렌지에 데워 음미하게 된다. 이 맛난 야키소바를 판매하던 가게가 키하치다. 야키소바는 소바를 채소 등과 함께 구운 것인데 가격은 500엔이다. 이곳의 야키소바는 맛을 소스, 소금, 카레 중에 고를 수 있고 면의 굵기도 가는 면과 중간 굵기 면 중 선택 가능하다. 참고로 이곳의 야키소바 면은 유명한 제면소인 아사쿠사카이카로浅草開化楼에서 만드는 생면을 사용하고 있다. 이곳의 야키소바에는 청경채, 돼지고기, 가다랭이포, 파래, 초생강, 깨 등이 재료로 알차게 들어가 있다. 주인에게 이야기하면 양을 많게 달라는 '오모리大盛'도 무료다. 고로는 도시락으로 포장해갔지만 가게 2층에서 직접 먹을 수도 있다. 200엔을 더 내면 반숙 계란 프라이와 샐러드까지 음미할 수 있다. 카운터석이 있어 1인 여행자에게 안심이다. 1층 입간판에 고독한 미식가에서 본 가게가 등장하는 씬을 캡쳐해 붙여놓았다. 가게의 주인은 39년간 여행업계에 몸담으며 해외를 밥 먹듯 다녔던 이즈미 씨로 회사를 그만두고 2019년 이곳을 개업했다.

주소 東京都台東区西浅草2-23-4 2F 전화 03-3843-3078 영업일 화요일-일요일 11:00-15:00, 17:00-21:00(월요일 및 첫째 주와 셋째 주 일요일은 쉼) 교통편 도쿄메트로東京メトロ 긴자선銀座線 타와라마치역田原町駅 3번 출구 도보 8분

짭짤하고 고소한 볶음소바면의 칸타빌레!

후쿠도라

福どら

고독한 미식가 맛있지만 씁쓸해, 이노가시라 고로의 재난 6화

고로는 일이 바빠, 인터넷 주문과 배달로 끼니를 해결하려고 한다. 고로는 간식이 먼저 배달되어 생초콜릿 떡인 나마쵸코모찌生ちょこもち(240엔)를 음미하려한다. 그러나 단 간식을 먼저 먹는 것은 안 된다며 잠시 내려놓는다. 그러다 배달로 온 친구의 사연을 듣다가 친구에게 나마쵸코모찌를 하나 빼앗긴다.

고로가 먹은 녀석을 주문했더니 냉장고에서 꺼내주었다. 나마쵸코모찌 도라야키는 정말 쫀득하고 맛있다. 유통기한이 2일밖에 되지 않으니 한국으로 데려가고 싶어도 당장 먹을 것만 구매해야 하는 점이 아쉬울 정도로 맛난 디저트다. 도라야키는 밀가루로 구운 빵 사이에 내용물을 넣은 간식을 말한다. 이 가게의 내용물은 팥, 빵, 녹차, 은행, 카스타드, 치즈크림, 블루베리, 커피, 딸기, 사과, 망고, 밤, 귤, 매실 등 여러 가지가 있으니 취향에 맞게 고르면 된다. 나마쵸코모찌는 냉장 타입이지만 4일의 유통기한을 가진 상온에 보관하는 다른 녀석들도 많다.

주소 東京都江東区住吉2-3-18 전화 03-3634-5731 영업일 월요일-토요일 09:30-19:00 / 일요일 9:30-18:00(둘째 주와 넷째 주 월요일은 쉼) 교통편 도쿄메트로東京メトロ 한조몬선半蔵門線 스미요시역住吉駅 A1출구 도보 3분

달달하고 쫄깃하며
시원한 한 입 디저트!

타츠미

多津美

나리타공항에 도착한 고로는 나리타산 신쇼지成田山新勝寺라는 절에서 해넘이 메밀소바를 먹겠다고 다짐한다. 이윽고 메밀소바집에 들어서고 점원의 안내를 받아 2층 계단으로 오른다. 이때부터 화면 오른쪽으로 라이브라는 단어가 뜨기 시작하며 드라마가 생방송으로 진행된다. 생방송이기 때문에 메뉴로 고민하는 모습 따위는 없이 바로 세이로소바せいろ蕎麦(690엔)를 주문한다. 세이로소바를 받은 고로는 소바면을 국물에 첨벙 담갔다가 먹는다. 쯔케멘 형태의 스타일이다. 따뜻하게 국물이 있는 소바가 아니라 물기가 빠질 수 있는 발 형태의 녀석 위에 소바가 나온다. 잘게 썬 대파와 와사비가 한 덩어리 나오니 특제 국물과 적당량 잘 섞어 소바와 함께 음미하면 된다. 이곳의 메밀은 아오모리현과 아키타현 사이에 있는 시라카미 산지에서 자란 녀석들을 사입해 쓰고 있다.

가게가 문을 연 것은 무려 1913년의 일로 현재는 4대째 점주가 운영 중이다.

손님 대부분은 나리타산 신쇼지라는 큰 절에 방문하는 관광객이다. 이 가게에는 통유리가 크게 있어 거리를 돌아다니는 사람들이 훤히 보인다. 큰 절이 있어 기념품점도 주변으로 늘어서 있다. 소바 이외에 장어구이 덮밥인 우나쥬うな重도 이 가게의 명물이다.

주소 千葉県成田市本町345 전화 0476-22-0139 영업일 10:30-16:00(부정기적 휴무)
교통편 JR 나리타선成田線 나리타역成田駅 동쪽 출구東口 도보 12분 / 케이세이철도京成電鉄 케이세이혼선京成本線 케이세이나리타역京成成田駅 서쪽 출구 도보 15분

소바가 나를 부른다! 심플한 목넘김의 이 녀석!

쿠리하라켄

栗原軒

고로는 극의 시작부터 가게에 들어앉아 있었다. 옆 손님의 양념치킨에 가까운 닭마늘튀김을 보고 고로는 임팩트 있다며 입맛을 다신다. 하지만 이내 부추, 양파, 상추, 양배추, 방울토마토 등이 들어간 매콤한 돼지고기볶음 정식인 니쿠쵸센야키정식肉朝鮮焼定食(900엔)을 받아들고 음미하며 화색이 돈다. 고로는 날계란(50엔)까지 밥과 고기에 비벼 먹는다. 마늘과 두반장이 들어간 매운 고기볶음으로 화가 난 위장을 달래줄 날계란은 최고의 선택이었다고 볼 수 있다. 니쿠쵸센야키정식에는 유부, 무, 양배추가 들어간 미소시루 국에 오이와 단무지의 절임 반찬이 나온다.

고로는 옆자리 손님들이 주문한 야키소바焼きそば를 보며 많이 먹으라고 속으로 읊조린다. 필자 개인적으론 삼겹살볶음보다 야키소바가 구미에 당겨 야키소바를 테이크아웃해 산리즈카 버스정류장 벤치에서 음미했다. 돌아가는 비행기 시간이 다가오고 있었기 때문이다.

개업한지 50년이 족히 넘은 쿠리하라켄은 중화요리 전문점으로 이토 류지 씨와 아유미 씨 부부가 선대의 가게를 이어받아 운영 중에 있다.

가게 안은 고독한 미식가 달력에 본 가게가 나온 1월 부분을 펼쳐 놓고 있으며 그 위로 배우의 사인과 사진 등도 벽에 걸려 있다.

주소 千葉県成田市三里塚15 전화 0476-35-0213 영업일 11:00-15:00(토요일은 쉼)
교통편 JR 나리타역 동쪽 출구 앞 나리타 버스정거장成田バス停 버스 탑승, 산리즈카 버스정거장三里塚バス停 하차, 도보 2분

고기조선구이정식? 이름 참 특별하네.

HAMBURGER
Island Burgers

『여자 구르메 버거부』 속 그곳은…!

女子グルメバーガー部

찻집에서의 데이트 중, 코즈에는 남자친구로부터 갑작스런 이별을 통보 받는다. 납득이 가지 않는 그녀는 이별의 아픔을 달래기 위해 여러 음식을 주문하려 하지만 갑자기 여점원 에미는 어차피 이렇게 된 거 맛있는 버거를 먹는 편이 좋다며 코즈에를 데리고 어느 버거집으로 향한다. 버거집에서 맛있는 버거를 먹으며 행복해하고 매화 등장하는 각기 다른 에피소드의 여성들도 햄버거로 치유를 경험한다.

쇼군 바가 신쥬쿠점

ショーグンバーガー 新宿店 2화

청소아르바이트생 다리아는 안내데스크의 아가씨 나나세에게 인생 상담을 하게 되는데 그 인연으로 식사까지 하게 된다. 비싼 갈비 가격에 몸을 부둥켜안다가 햄버거 가게로 향한다. 다리아는 와규 패티가 무려 3장이나 들어가는 토리푸루치즈바가トリプルチーズバーガー(2200엔)에 진저에일을, 나나세는 데리야키 훠아그라바가てりやきフォアグラバーガー(1700엔)를 선택한다.

쇼군바가는 냉동하지 않는 생 와규를 사용해 육즙이 넘친다. 토야마에서 숯불구이 집을 하는 주인장이 운영하는 버거집이라 고기에 대한 자신감이 남다르다. 토야마에 1호점을 내고 이곳이 2호점이다. 빵인 번은 수백 번의 시행착오 끝에 완성, 매일 아침 오븐에서 직접 만들고 있다. 번에는 사무라이 얼굴이 새겨져 있어 귀엽다. 번을 만들기 위해 토야마에서 빵 장인을 모셔다가 200번이 넘는 시험 끝에 납득이 가는 맛의 번을 완성했다고 한다. 가게는 매우 비좁고 대기하는 행렬은 길어 매우 복잡하다. 점내 벽에는 손님들의 방문 기념 낙서가 가득하다. 쇼군바가를 이끌고 있는 2대 사장 혼다 다이키 씨는 한식당에서 3년간 일하며 음식을 배우고 한식당도 운영한 끝에 엉뚱하게도 현재는 쇼군바가를 이끌고 있다.

주소 東京都新宿区歌舞伎町1-15-12 ピアットビル1階 전화 050-5596-7347 영업일 11:30-01:00(연중무휴) 교통편 도쿄메트로東京メトロ 마루노우치선丸ノ内線 신쥬쿠역新宿駅 B12b 출구 도보 4분

토야마의 자존심을 걸고
신쥬쿠에 입성한 장군 버거!

〔오오기야 아츠코 제공〕

아이란도 바가즈 욧츠야산쵸메점

Island Burgers 四谷三丁目店 3화

놀이터에서 우연히 어렸을 적 친구인 료코를 만난 나나세는 료코가 고기를 좋아했던 걸 기억하고 버거집으로 이끈다. 나나세는 타루타루아보카도바가タルタル・アボカドバーガー(1350엔)를, 료코는 파이납푸루치즈바가パイナップル・チーズバーガー(1350엔)를 받아든다.
이곳의 패티는 매일 아침 진공 포장되어 도착한 호주산 소 허벅지살에 와규의 지방조직에서 얻은 기름을 섞어 만든다. 패티가 흐트러지지 않게 하기 위한 어떠한 재료도 사용하지 않는다. 햄버거에 쓰이는 주요 야채인 양상추, 양파, 토마토의 경우도 독자적인 루트로 일본 각지의 농가에서 직접 매입하고 타르타르소스 역시 직접 만든다. 파이납푸루치즈바가에는 파인애플의 맛을 살리는 칠리소스가 들어간다. 버거를 주문하면 함께 나오는 메뉴를 피클로 먹을지 미니사라다로 할 것인지를 묻는다. 감자튀김도 함께 나온다. 테이블에는 1회용 머스타드소스와 1회용 케첩이 여러 개 놓여 있다.
버거가 흐트러지지 않게 꽂는 픽이 야자수 모양인데, 번에 야자수 픽을 꽂았더니 섬 모양처럼 보여서 가게 이름을 아이란도바가라고 지었다고 한다. 천정의 선풍기나 벽의 그림 등이 마치 하와이에 와 있는 듯 한 기분이 들게 한다.

주소 東京都新宿区四谷3-1-1 須賀ビル 전화 03-5315-4190 영업일 11:00-21:45(비정기적 휴무) 교통편 도쿄메트로東京メトロ 마루노우치선丸ノ内線 욧츠야산쵸메역四谷三丁目駅 3번 출구 도보 2분

전직 엔지니어가
치밀하게 조립한
극상의 햄버거!

바가 안도 미루쿠쉐이크 크레인

BURGER & MILKSHAKE CRANE 5화

귀여운 캐릭터를 좋아하는 레나는 우연히 인형을 양도한다는 sns를 보고 세라라는 귀여운 여자를 만난다. 헤어지려는 찰나 인형에 관한 이야기를 할 수 있는 가게가 있다는 말에 버거집으로 들어간다. 세라는 점원의 추천을 받아 엑구치즈바가エッグチーズバーガー(1630엔)를 레나는 귀여운 루사바가ルーサーバーガー(1850엔)를 선택한다.

루사바가는 미국 가수 루사 반도로스가 바닥에 떨어진 번 대신 도넛으로 감싸 먹은 것이 유래라고 한다. 겉은 바삭하고 안은 쫀득한 도넛에 설탕물을 코팅한 녀석을 맨 위에 덮었다. 여기서 끝이 아니라 도넛을 반으로 갈라 마요네즈까지 발랐다. 베이컨에 치즈, 양상추, 토마토까지 올리면 루사바가의 완성이다. 도넛에선 은은한 시나몬 향이 난다. 버거에 육즙이 많이 흘러 깜짝 놀랄 정도니 조심해야 한다. 도넛에 햄버거라니 라는 생각을 하고 있다가 너무 맛있어서 깜짝 놀랐다. 필자 개인적으론 버거의 신세계였다. 감자튀김이 같이 나오는 것도 반갑다.

주인공 둘은 입가심으로 일본 술을 섞은 니혼슈미루쿠세이크日本酒ミルクセーキ(1012엔)와 흑당 소주를 섞은 고쿠토쇼츄미루쿠쉐이크黒糖焼酎ミルクセーキ를 음미한다.

훈남 직원이 두 명이 운영 중으로 점내는 핑크핑크하다. 이 가게의 주인은 브라자즈 신토미쵸점에서 점장으로 일하며 햄버거를 배우고 독립한 하라 텟페이 씨다. 가게 이름은 학이라는 뜻이다.

주소 東京都千代田区外神田6-16-3 전화 03-5315-4190 영업일 11:30-21:30(부정기적 휴무 있음) 교통편 도쿄메트로東京メトロ 긴자선銀座線 스에히로쵸역末広町駅 4번 출구 도보 3분

니들이 도넛 맛을 알어?

브라자즈 닌교쵸 본점

BROZERS 人形町本店 9화

건축 디자이너가 꿈인 카즈미는 일이 잘 풀리지 않아 의기소침해 있다. 동료인 쇼코는 카즈미를 위해 기분 전환 겸 바깥 공기를 마시러 나간다. 그렇게 걷다가 우연히 버거 가게의 전단지를 받고 가게가 있는 곳으로 향한다. 카즈미는 당점의 인기 최고 롯토바가ロットバーガー lot burger(1815엔) 그림에 시선을 빼앗긴다.

롯토바가는 계란, 베이컨, 토마토, 양상추, 일본소와 호주소고기를 섞은 패티, 마요네즈, BBQ 소스, 번, 구운 파인애플, 2장의 체다치즈, 양파 등 많은 재료가 들어갔다는 것에서 이름 지어졌다. 소스는 BBQ, 테리야키, 레드핫 칠리, 스위트 칠리 중에서 고를 수 있다.

쇼코가 고른 버거는 아보카도치즈바가 버섯토핑アボカドチーズバーガー, マッシュルームトッピング(1716엔)이었다. 참고로 햄버거류를 주문하면 어니언링과 감자튀김이 같이 나온다.

2000년 문을 연 가게의 이름은 주인이 형제라는 것에서 지어졌다. 가게 내외부는 완전히 새빨갛고 신호등이나 자동차 번호판 등이 인테리어 소품으로 벽에 붙어 있다. 카운터석이 있어 다행이다.

주소 東京都中央区日本橋人形町2-28-5 영업일 11:00–21:30(비정기적 휴무) 교통편 도쿄메트로東京メトロ 또는 토에이지하철都営地下鉄 아사쿠사선都営浅草線 닌교쵸역人形町駅 A3 출구 도보 4분

형제의 용감한 도전이 햄버거와 만났다.

쟈쿠손 호루

JACKSON HOLE　　11화

건축회사에서 일하는 쇼코는 쵸후라는 곳에서 일을 마치고 친구 노에루의 전화를 받고 같이 버거를 먹기로 한다. 그녀들은 주인의 추천을 받아 아메리칸 스타일의 잭슨홀에서 간판 메뉴인 쟈쿠손바가ジャクソンバーガー(825엔)를 주문해 음미한다. 깨가 올려진 번은 자가제 빵이다. 이 집 버거의 가장 큰 특징은 미트소스에 있다. 버거 크기는 다른 가게들에 비해 확실히 작은 편이다. 주인공 두 친구들은 주인의 추천으로 올리브, 할라피뇨, 버섯, 소시지, 베이컨, 허브, 토마토 등 온갖 재료가 섞여 들어가 파스타의 양념 맛이 나는 윌슨 버거ウィルソンバーガー(880엔)까지 맛본다.

1999년 개업한 가게는 음식점이라기보다 바(bar)기 때문에 술집 느낌이 다분하다. 내부 인테리어는 미국 서부 개척 시대 콘셉트처럼 목조의 느낌이며 2층으로 구성되어 있다.

참고로 이 집은 만화와 영화로 모두 만들어졌던 야자와 아이의 '나나'라는 작품의 배경지와 촬영지로 쓰였던 가게로 한국에서도 성지로 유명하다. 만화에서 주인공들이 이 집의 단골이면서 잭슨버거를 먹는 모습이 등장했었고 2005년 개봉한 나나 영화에서도 촬영지로 쓰였다. 만화의 작가 야자와 아이가 직접 잭슨홀의 메뉴판 카우걸 그림을 그려주는 등 단골이라고 한다.

주소 東京都調布市布田1-3-1 전화 03-5315-4190 영업일 화-금 16:00-22:00 / 토, 일, 공휴일 11:30-15:00, 16:00-22:00(월요일은 쉼) 교통편 케이오전철京王電鉄 케이오선京王線 쵸후역調布駅 츄오출구中央口 도보 5분

나나의 성지! 팬들의 햄버거 성지순례도 시작됐다.

호미즈

homeys 12화

드라마의 시작부터 주인공 키바 노에루는 이제 더 이상 런치는 고민하지 않는다며 아메리칸 다이닝 호미즈 버거집 앞에 벌걸음을 멈췄다. 그녀가 선택한 것은 빨간 칠리 번이 인상적인 다부루 치즈바가ダブルチーズバーガー(1870엔)이다. 칠리 번이기 때문에 빨간 칠리번의 더블치즈버거는 약간 매운맛이 난다고 노에루는 버거 일기장에 쓰기도 했다. 실제 겉은 바삭바삭하고 속은 쫀득하다고 한다. 노에루는 이렇게 버거를 먹으며 오늘도 버거 일기장의 시식평을 이어갔다. 그러다 노에루는 이곳 호미즈에서 늘 버거집에서 마주치던 모리바야시 에미를 만난다. 에미는 검정 번의 버거를 먹고 있었다. 에미는 노에루를 의식하고 일기장을 뺏어 보기도 했다.

2012년 개업한 호미즈의 주문방식은 스마트폰으로 가게에서 알려주는 QR코드로 들어가서 주문하는 방식이라 다소 번거롭다. 번은 플레인, 검은 호밀, 매운 칠리 중에서 선택할 수 있다. 칠리번을 선택하면 100엔이 플러스 된다. 플레인과 검은 호밀 번은 이케지리오하시의 유명 베이커리인 토로 팡 도쿄(TOLO PAN TOKYO)에서 사입해 사용한다. 검은 호밀번이 검게 보이는 것은 카카오파우더가 들어가 있어서다.

햄버거류는 감자튀김이 같이 나온다. 가게 이름은 가정적이고 편안하다는 뜻의 영어에서 생각해 냈다고 한다.

주소 東京都新宿区高田馬場2-9-1 전화 03-3202-8882 영업일 월~목 11:00-16:00, 17:00-21:00 / 금요일, 공휴일전일 11:00-16:00, 17:00-22:00 / 토요일 11:00-22:00 / 일요일 11:00-21:00 교통편 JR 야마노테선山手線 타카다노바바역高田馬場駅 와세다출구早稲田口 도보 4분

앗! 입술이 얼얼하잖아! 얼얼한 번의 펀치!

화이야 하우스

Fire house

12화

타카다노바바 호미즈에서 버거를 먹고 먼저 나가버린 에미. 그녀의 뒤를 쫓아 노에루가 당도한 곳은 다름 아닌 에미가 새로이 일하는 fire house였다. 에미의 추천을 받아 럼주로 달콤하게 졸인 사과 4조각 정도가 들어간 압푸루바가アップルバーガー(1793엔)에 아이스커피를 주문하는 노에루. 이곳의 패티는 호주산 소고기를 사용한다. 번에는 마요네즈와 머스타드 소스가 발린다. 주인공이 주인공을 부르고 또 다른 주인공을 계속 불러 모든 주인공들이 모이게 된 fire house. 뜻하지 않게 fire house에서 드디어 독립을 결심한 조리원이 마지막이라며 만들어준 못짜레라맛슈루무바가モッツァレラマッシュルームバーガー(1859엔)를 모든 주인공들이 먹게 된다. 그러면서 '여자 구르메 버거부'라는 그룹을 만든다.

못짜레라맛슈루무바가에는 이름 그대로 모차렐라치즈와 버섯이 잔뜩 들어가 있다. 천연효모 번에는 깨가 잔뜩 올라가 있다. 육즙이 많기 때문에 버거 종이에 잘 싸서 먹어야 불상사를 막을 수 있다. 참고로 햄버거류를 주문하면 감자튀김이 같이 나온다. 음료수는 별도 주문해야하는데 저렴하지 않다.

다이칸야마의 그릴버거클럽 사사, 요요기공원의 아무즈, 아카사카의 오센틱쿠, 코뎀마쵸의 잭37의 오너들이 모두 화이야 하우스에서 일해서 버거를 배운 것을 통해 창업한 가게들이다. 화이야 하우스는 미국 유학 때 햄버거를 달고 살았던 요시다 씨가 일본에는 제대로 된 햄버거가 없다는 판단하에, 정통 미국식 햄버거를 주창하며 1996년에 불과 22세의 나이로 창업한 가게다.

주소 東京都文京区本郷 4-5-10 전화 03–3815–6044 영업일 11:00–21:30 교통편 도쿄메트로東京メトロ 마루노우치선丸の内線 혼고산쵸메역本郷三丁目駅 1번 출구 도보 3분 / 토에이지하철都営地下鉄 오에도선大江戸線 혼고산쵸메역本郷三丁目駅 3번 출구 도보 3분

햄버거로 불탄 가슴을 꺼주세요! 화이야 하우스!

TOKYO
らめん

『라멘이 너무 좋아 고이즈미 씨』 속 그곳은…!

ラーメン大好き小泉さん

여고생 오오사와 유는 같은 반의 시크하지만 예쁜 전학생 고이즈미가 신경 쓰인다. 하교길 혼자 밥을 먹어야 하는 상황이 된 오오사와는 대기 줄이 있는 라면 가게를 유심히 지켜보는데 그 대기 열에 고이즈미가 있는 것을 발견하고 놀라다가 본의 아니게 대기 열에 합류하게 되고 라면을 함께 먹게 된다. 도도한 고이즈미가 라면을 먹을 때는 누구보다 적극적이고 행복해하는 모습을 보며 오오사와는 서민의 느낌이 나는 고이즈미와 친분을 쌓고 라면 산책에 동행하게 되는데….

라멘지로 미타본점

ラーメン二郎 三田本店 1화

고이즈미가 라면 집 대기 행렬에 있는 것을 보고 오오사와가 합류한 가게 라멘지로 미타본점. 주인공들은 식권 자판기에서 부타다부루라멘豚ダブルラーメン(800엔)을 구매하고 자리에 앉는다. 고이즈미는 마늘을 넣겠냐는 점원의 질문에 야채 듬뿍, 마늘기름 매콤한 것으로 달라고 요청한다. 능숙한 고이즈미의 주문과 주문받은 라멘의 양에 오오사와는 놀란다. 그보다 라면을 먹을 때 눈빛부터 달라지는 고이즈미의 모습을 보고 경악한다.

라멘 지로는 두꺼운 면발, 돼지 뼈와 간장으로 맛을 낸 육수, 두꺼운 돼지고기 차슈, 듬뿍 넣어주는 양배추와 숙주나물로 유명하다. 아침 8시 30분이 개점시간인데 9시쯤 도착하니 가게 안은 만석이오, 대기 줄은 이미 10미터를 넘었다. 그렇게 멍하게 지켜보는 사이 삼각형 모양의 건물을 손님들이 둘러싸버렸다. 창업자인 야마다 타쿠미 씨가 개업한 것은 무려 1968년, 요정의 일식요리사였던 창업주가 인근 중식당 사장에게 음식을 배우며 번창한 가게다. 2009년 영국 '가디언'지가 선정한 '세계에서 먹어야 할 50가지 요리'로 선정되었다는 기쁨까지 누렸다.

식권은 점원에게 보여줘야 하고 점원은 마늘을 넣을 것이냐 물어본다.

주소 東京都港区三田2-16-4 영업일 08:30–15:00, 17:00–20:00(일요일, 국경일은 쉼)
교통편 토에이지하철都営地下鉄 미타선三田線 미타역三田駅 A3 출구 도보 8분

엄청난 행렬! 엄청난 라멘의 양!

텐카잇핑 코엔지점

天下一品 高円寺店 1화

하교 후, 몰래 고이즈미의 뒤를 밟아 라멘 집에 따라온 오오사와. 고이즈미는 카라아게 정식을 주문하고 라멘은 진하다는 뜻의 콧테리라멘こってりラーメン(890엔)을 선택한다. 고이즈미의 먹는 방법에 따르면 라멘을 반 정도 먹고 닭튀김인 콧테리카라아게こってり唐揚げ(550엔)를 먹고 다시 라면을 완식하라고 조언한다. 갈색 국물이 특징인 콧테리라멘에 들어가는 것은 면을 제외하고 챠슈와 죽순과 파가 전부로 심플하다. 면은 비교적 가는 편이다. 5점 정도의 닭고기 튀김과 양배추샐러드가 같이 나오는 이곳의 카라아게는 다소 과하게 튀겨지는 듯하다.

텐카잇핑은 돼지육수가 아닌 콜라겐이 풍부한 닭 껍질과 열 가지 야채를 푹 끓인 육수를 사용하는 라멘 프랜차이즈다. 다니던 회사가 도산해, 가지고 있던 돈 3만 7천 엔과 폐자재를 모아 포장마차를 만든 당시 36세의 키무라 츠토무 씨. 그가 1971년 교토의 키타시라카와에서 라멘 11그릇을 판 것이 텐카잇핑의 시초다.

콧테리라멘은 창업자가 4년 간 포장마차를 하며 얻은 결과물이었다. 포장마차 시절, 노점 자리싸움까지 하던 점포는 현재 홋카이도에서 오키나와 게다가 하와이까지 진출하여 라면계의 한 세력이 된 것이다.

주소 東京都杉並区高円寺南4-7-1 1F 전화 03-3317-7408 영업일 11:00-03:00(목요일은 쉼) 교통편 JR 츄오소부선中央・総武線 코엔지역高円寺駅 남쪽 출구南口 도보 4분

그야말로 진한 천하일품 라멘!

모코탄멘나카모토 키치죠지점

蒙古タンメン中本 吉祥寺店 2화

키치죠지 이노카시라공원에서 남자친구에게 이별통보를 받아 화가 난 나카무라 미사는 우연히 고이즈미를 발견하고 미행한다. 그렇게 그들이 다다른 곳이 바로 모코탄멘 나카모토 키치죠지점이었다. 미사는 고이즈미의 바로 옆에 앉아 고이즈미와 같은 매운 홋쿄쿠라멘北極ラーメン(920엔)을 선택한다. 결국 눈물과 땀 범벅이지만 맛있게 라면을 다 먹는 주인공들. 사실 미사는 매운맛 음식의 마니아였다. 미사는 고이즈미에게 남자친구에게 차인 치부를 들키지만 결국 고이즈미와 라면으로 친분을 쌓고 가장 먼저 연락처를 얻는 데 성공한다.

이 가게의 컵라면까지 편의점에서 쉽게 찾아볼 수 있을 정도로 유명한 라멘집이다. 고이즈미가 먹었던 홋쿄쿠라멘은 0-9까지 10단계 중 가장 매운 9단계의 맵기다. 홋쿄쿠라멘에 들어가는 것은 면을 제외하고 돼지고기와 숙주나물이 전부다.

홋쿄쿠라멘 최대 레벨은 일본에 먹방을 찍으러 왔다가 고혈압으로 응급실로 실려가 메디컬 드라마를 찍을 수 있을 정도이니 주의해야 한다. 실제로 지인이 매운 짬뽕 완식 인증샷을 가게에 걸기 위해 국물까지 먹다가 기절해 119 앰뷸런스를 타고 응급실로 후송된 적이 있다. 가게에서는 가장 적당한 맵기로 2~3단계를 추천한다. 나카모토라는 가게 이름은 2014년 세상을 떠난 초대 창업자의 성에서 따왔다.

주소 東京都武蔵野市吉祥寺南町2-9-10 吉祥寺ファーストビル1F 전화 0422-49-1233 영업일 11:00-24:00(연말연시는 쉼) 교통편 JR 츄오소부선中央・総武線 키치죠지역吉祥寺駅 남쪽 출구南口 도보 5분

이름은 시원한 북극라면인데, 누가 내 입에 불을 질렀나?

이치란 시부야스페인자카점

一蘭 渋谷スペイン坂店 3화

오오사와가 고이즈미에게 같이 먹자고 사정해서 모이게 된 이치란. 고이즈미와 오오사와는 이치란라멘(980엔)에 면 추가인 카에다마替玉(210엔, 반면추가半替玉는 150엔)를 식권 자판기를 통해 구입한다. 오오사와는 처음 와 봤기 때문에 전부 기본으로 선택한다. 이치란 라멘은 살구색 국물에 죽순, 파, 커다란 차슈, 특제 빨간 양념이 위에 올라간 것이 특징이다.

키오스크가 한국어를 제공하기에 편안하다. 빈자리를 알려주는 공석 안내판이 있어 신기하다. 개인 칸막이가 되어 있어 좁은 독서실에 온 기분이다. 이렇게 만든 이유는 먹는 집중력을 가지라는 의미란다. 일행이 여럿일 때, 칸막이를 접을 수 있는 점은 좋다. 테이블마다 개인 수도꼭지까지 있다. 테이블에 손님 취향을 알기 위해 여러 가지 기호를 알 수 있는 주문 용지(한국어도 있음)가 놓여 있으니 체크하면 된다. 마늘, 파, 차슈, 비법 양념을 넣을 것인가 말 것인가 혹은 넣을 것이면 조금 넣을 것이냐 많이 넣을 것이냐 하는 것이다. 국물의 진한 정도와 간 그리고 면을 단단하게 할 것인지 부드럽게 할 것인지에 대한 물음도 있다. 기름기의 정도까지 물어본다.

주소 東京都渋谷区宇田川町13-7 コヤスワン B1F 전화 03-3464-0787 영업일 월-목 10:00-06:00 / 금-토 10:00-22:00 / 일요일 10:00-20:00(연중무휴) 교통편 JR 야마노테선山手線, 사이쿄선埼京線, 쇼난신주쿠라인湘南新宿ライン 시부야역渋谷駅 서쪽 출구西口 도보 5분

먹방러들의 다양한 니즈를 해소하는 친절한 맛!

타이요노토마토멘 네쿠스토신쥬쿠미로도점

太陽のトマト麺 Next新宿ミロード店 5화

극의 시작과 함께 최근 고이즈미가 빠져 있는 타이요노치즈라멘 太陽のチーズラーメン(913엔) 먹방이 시작된다. 고이즈미는 라멘을 다 먹고 남은 국물에 밥을 말아 먹기까지 한다. 그녀는 토마토는 항산화 물질과 미용에도 좋다며 국물 한 방울 남기지 않고 밥까지 말아서 리조토 형식으로 완식하며 극찬한다. 그리고 토마토 쥬스를 음미한다. 실제 토마토에는 비타민 A, 비타민 C, 칼륨, 마그네슘이 듬뿍 들어있다.

라멘 황홀경에 빠져 있는 사이, 어느새 고이즈미의 옆자리에 앉아 뒤늦게 라멘을 먹기 시작하는 오오사와 유. 고이즈미는 그녀를 버려두고 자리를 먼저 뜬다. 애니메이션에서는 7층에 있는 가게로 가는 엘리베이터 장면부터 친절하게 보여줬었다.

산미가 가득한 이탈리아산 유기토마토 3개분으로 스프를 만들어서인지 라멘이라기보다 스프 파스타에 가까운 것이 아닌가 생각하는 사람들도 많다. 저지방 닭고기와 청경채를 팬에 굽다가 토마토 소스를 부어 걸쭉한 국물을 내는데 거기에 치즈가루까지 올렸으니 새콤달콤하다. 국물은 토마토 베이스이지만 내용물에 따라 가지, 달걀, 치즈 · 가지, 치즈 · 달걀, 고기, 고기 · 달걀, 고기 · 치즈, 치즈고르곤졸라, 카망베르새우크림토마토 라멘 등의 메뉴가 있다.

이 가게는 벽에도 전등에도 토마토가 그려져 있다. 가게 입구 왼쪽에 있는 포장마차 모양의 진열대에는 라면 모형이 있어 메뉴 선택을 쉽게 한다. 도쿄에만 10개의 점포가 있는 체인점이다. 고객의 9할은 여성 고객으로 보인다. 신쥬쿠역 남출구 건물이자 음식점이 밀집한 미로도 7층 레스토랑가에 위치한다.

주소 東京都新宿区西新宿1-1-3 小田急新宿ミロード7F 전화 03-5909-4810 영업일 11:00-24:30 교통편 JR 야마노테선山手線, 사이쿄선埼京線, 쇼난신쥬쿠라인湘南新宿ライン, 츄오소부선中央 · 総武線 신쥬쿠역新宿駅 남쪽 출구南口 도보 1분

토마토 라멘은 살 안 쪄.

무테키야

無敵家 5화

고이즈미 대신 줄을 섰다가 고이즈미가 오면 자리를 양보하고서 고이즈미에게 사랑을 받으려던 오오사와 유. 그러나 새치기 손님 때문에 기분이 망가진다. 우여곡절 끝, 고이즈미와 함께 가게로 들어선 오오사와는 무테키야라멘無敵屋 ラーメン 니쿠타마肉玉(1250엔)와 카츠오부시, 통마늘, 갓 등 무료 토핑에 신이 난다. 김에 welcome to mutekiya 라고 적힌 것이 재밌다.

라멘 전쟁터라 불리는 이케부쿠로에서도 유명한 무테키야의 스프는 주인공의 말처럼 돼지뼈로 장시간 조린 진한 돈코츠를 베이스로 한다. 특유의 잡내를 없애기 위해 노력하고 있으며 혹여나 남는 스프가 발생해도 냄새가 날까봐 재사용하지 않는다고 한다. 면은 가느다란데 생산량이 많지 않고 쫀득한 특징이 있어 희소가치가 높은 홋카이도의 에베츠산 밀가루를 사용한다. 차슈는 두껍게 썰었지만 매우 부드러운 식감으로 인기다. 튀긴 마늘, 맛 계란, 차슈, 볶음 야채, 죽순, 돌김, 구운 김 등 각 110엔의 유료 토핑도 있기 때문에 기호에 맞게 주문하면 된다.

대기 줄을 서야 할 정도의 인기 식당이다. 외국인 관광객도 많은 만큼 밖에서 대기하고 있으면 직원이 메뉴판을 나눠주는데 한국어 버전도 있으니 한국어 메뉴판을 달라고 하면 된다. 1994년 창업 당시의 이름은 칸토라멘이었는데 4년 후 지금의 이름으로 바꾸었다.

주소 東京都豊島区南池袋1-17-1 崎本ビル 전화 03-3982-7656 영업일 10:30-04:00(연중무휴) 교통편 JR 야마노테선山手線, 사이쿄선埼京線, 쇼난신쥬쿠라인湘南新宿ライン 이케부쿠로역池袋駅 동쪽 출구東口 도보 5분

두툼한 면은 무적이지! 이케부쿠로의 제왕!

〔 무테키야 제공 〕

멘다이닝구 토토코

麺ダイニング ととこ 6화

더운 여름 날 주인공들은 찌는 더위에 녹초가 된다. 고이즈미가 차가운 히야시 라멘冷やしラーメン(930엔)을 먹으러 간다고 하자 오오사와 유가 따라 나섰다. 고이즈미는 토마토와 얼음이 들어간 맛카나토마토노산라멘真っ赤なトマトの酸ラーメン(1000엔)을, 오오사와는 얼음이 들어간 츳타이라멘つったいラーメン(900엔)을 받아든다. 오오사와는 보통 라멘보다 산뜻한 향기가 난다며 좋아한다. 오오사와가 먹은 츳타이라멘에는 숯불에 구운 닭고기, 미역, 김, 파, 유자, 죽순, 나루토(소용돌이 무늬가 들어간 어묵 슬라이스)가 올라간다. 고이즈미가 먹은 맛카나토마토노산라멘에는 토마토, 닭고기, 사과식초, 마늘, 파, 피망, 양파, 올리브, 오이, 루콜라 등이 들어간다.

극중에서도 등장하듯, 라멘 가게에 어울리지 않게 일본 술이 벽에 둘러져 있고 실제 판매도 하고 있다.

고이즈미의 말대로라면 히야시라멘은 야마가타의 소바집이 발상지라고 한다. 가게 주인은 애니메이션에 자신들의 가게가 나왔던 장면을 여러 컷 캡처해 가게 밖에 붙였다. 애니메이션 팬들의 호기심을 자극하기에 충분하다. 가늘고 각진 면의 경우 홋카이도산 밀가루를 받아 2~3일간 숙성시켜 제면하고 있다. 스프는 화학조미료를 전혀 사용하지 않는다. 이와 같은 내용은 메뉴판에 자세히 설명되어 있다.

주소 東京都千代田区神田小川町3-10-9 斉藤ビル1F 전화 03-5577-4404 영업일 11:00-23:00 교통편 도쿄메트로東京メトロ 한조몬선半蔵門線 진보쵸역神保町駅 A5출구 도보 5분

고서점가 라멘 애호가들의 성지!

스고이니보시라멘나기 신쥬쿠고르덴가이점(본관)

すごい煮干ラーメン凪 新宿ゴールデン街店(本館) 6화

오전 6시 45분. 졸린 고이즈미는 홀로 멸치가 들어간 라멘인 스고이니보시라멘すごい煮干ラーメン(900엔)을 즐기고 있다. 아무런 말도 없이 라멘을 완식한 고이즈미는 행복을 표정을 짓는다. 극중 컵에 "말린 멸치가 싫은 분들은 사양해주세요"라고 나오는데 실제로도 마찬가지. 더불어 이 가게는 오오사와 유의 오빠가 심야 아르바이트를 마치고 길을 걷다가 고이즈미에게서 멸치 냄새가 나서 문뜩 아침으로 라멘이 먹고 싶어져 찾은 가게이기도 하다.

스고이니보시라멘은 이름 그대로 대단히 멸치 향이 강하게 난다. 국물은 다소 짜게 느껴졌다. 면은 고들고들한 면을 좋아하지 않는 나에겐 다소 딱딱하고 굵으며 울퉁불퉁하게 느껴졌다. 따라서 호불호가 굉장히 갈릴 것 같다. 크고 넓적한 정체불명의 면이 한 장 들어 있기도 하다. 좋은 점은 면을 적게(180그램), 중간(220그램), 많게(270그램)를 주문해도 가격 변동이 없다는 점이다. 유료 토핑으로는 챠슈, 맛 계란, 돌김, 깍둑썬 고기조림 등이 있다.

가게는 2층에 위치해 있는데 경사가 심한 계단을 올라야 한다. 카운터석만 8명 정도 앉을 수 있다. 벽에 이 만화를 그린 작가 나루미 나루의 그림 및 사인을 볼 수 있다. 만화판 2권의 표지가 이 가게 카운터에서 라멘을 먹으며 행복해하는 고이즈미 모습이다.

주소 東京都新宿区歌舞伎町1-1-10 전화 03-3205-1925 영업일 24시간영업(연중무휴) 교통편 도쿄메트로東京メトロ 마루노우치선丸ノ内線 신쥬쿠산쵸메역新宿三丁目駅 B9 출구 도보 7분

멸치의 폭탄 테러!

하나야시키

花やしき 7화

여름방학 첫날을 맞아 들뜬 주인공들은 아사쿠사의 오래된 하나야시키를 찾아 팬더카를 타고 뿅뿅ぴょんぴょん이라는 고소공포 어트랙션과 우리나라 '귀신의 집' 격인 오바케야시키お化け屋敷를 즐긴다.

오바케야시키는 목이 돌아가는 아저씨, 소복을 입은 귀신, 기모노를 입은 여인, 벚꽃나무에서 번개와 함께 튀어나오는 귀신 등을 볼 수 있다. 아기울음 소리가 나는 구간도 있다. 1853년 식물원으로 개업했다는 하나야시키는 작은 유원지로 소소한 어트랙션으로 오랜 시간 이 자리를 지켰다. 센소지 좌측에 있기 때문에 찾기 어렵지 않다.

참고로 이곳은 많은 드라마와 영화의 촬영지로 쓰였다. 미남배우 오다리기 조 주연의 '텐텐'이라는 영화에서는 오다리기 조와 빚쟁이가 함께 롤러코스터를 타는 장면이 있었고 일본드라마 '트릭'에서는 나카마 유키에가 마술을 하던 곳으로도 등장했다.

롤러코스터, 리틀 스타, 디스크 오, 회전목마, 스카이 쉽, 헬리콥터, 꼬마 택시, 오리 배, 팬더카, 사격장, 스티커 사진기 등의 탈거리, 즐길거리가 있다. 레스토랑에는 타코야키, 햄버거, 핫도그, 크레이프 등의 음식을 판다. 입장료는 중학생이상 1000엔, 초등학생 500엔이고 미취학 아동은 무료다.

주소 東京都台東区浅草2-28-1 전화 03-3842-8780 영업일 10:00-18:00(화요일은 쉼)
교통편 도쿄메트로東京メトロ 긴자선銀座線 아사쿠사역浅草駅 6번 출구 도보 9분

아사쿠사의 오래된 터주대감 유원지! 살아있네!

아사쿠사 키비단고 아즈마

浅草きびだんご あづま　　7화

하나야시키에서 놀이기구를 즐긴 주인공들은 렌탈 유카타로 환복하고 아사쿠사 나카미세도리 상점가를 시작으로 센소지에서 운세를 보는 오미쿠지를 뽑고 본당에서 합장하며 기도하는 등 즐거운 한때를 보낸다. 미사는 본당에 가기 전 마지막 문인 호조몬宝蔵門의 제등을 배경으로 사진을 찍기도 한다. 나카미세 상점가를 거닐던 오오사와 유는 키비단고 아즈마에서 콩가루를 묻힌 꼬치 수수경단인 키비단고(5개 들이 400엔), 미사는 말차음료(150엔)를 즐겼다.

아즈마 키비단고의 꼬치 수수경단은 솥에서 1분 정도 익히자마자 철망에서 꺼내 바로 콩고물을 묻히는 따끈따끈한 녀석이다. 가게 오른쪽으로 카운터가 있으니 쟁반을 놓고 잠시 쉬며 먹으면 된다.

미사가 사진을 찍던 호조몬에는 인왕상이 양쪽으로 있고 크고 빨간 제등이 달려 있다. 짚신도 양쪽으로 달려 있는데 귀신을 쫓는다는 의미가 있다.

주소 東京都台東区浅草1-18-1 전화 03-3843-0190 영업일 09:00-19:00(연중무휴) 교통편 도쿄메트로東京メトロ 긴자선銀座線 아사쿠사역浅草駅 3번 출구 도보 3분

복잡한 나카미세도리 길에서 잠깐 휴식! 아즈마.

카게츠도 가미나리몬점

花月堂 雷門店 7화

"있었구나. 메론빵! 우와 맛있겠다." 메론빵을 보며 흥분한 나머지 미사가 외친 한마디였다. 오오사와 유는 길게 늘어선 줄에 놀라지만 '원조 점보 메론빵, 쇼와 20년 창립'이라는 글귀가 적힌 포장지의 메론빵을 꺼내 먹으며 흥분한다. 38도에 3시간이나 발효시킨 이곳의 겉은 바삭 속은 부드러운 잔보메론빵元祖ジャンボメロンパン은 220엔이다.

직경이 무려 15cm나 되는 녀석으로 무게는 100그램 정도다. 크림이나 녹차 아이스크림을 메론빵 속에 넣어 맛의 다양화도 모색하고 있다. 걸그룹 아이즈원의 야부키 나코, 일본의 국민 여배우 아라가키 유이도 이곳의 메론빵을 먹었다며 입간판에 홍보하고 있다.

주말에는 당연히 줄을 서야 할 정도의 인기 가게이다. 점내 벽에는 오래된 포스터들이 붙어 있다. 아사쿠사에 3개의 지점이 있는데 가미나리몬점은 그중 하나다.

주소 東京都台東区浅草 1-18-11 1F~2F 전화 03-5830-3534 영업일 10:00-17:00(메론빵이 다 팔리는 즉시 영업종료) (연중무휴) 교통편 도쿄메트로東京メトロ 긴자선銀座線 아사쿠사역浅草駅 3번 출구 도보 3분

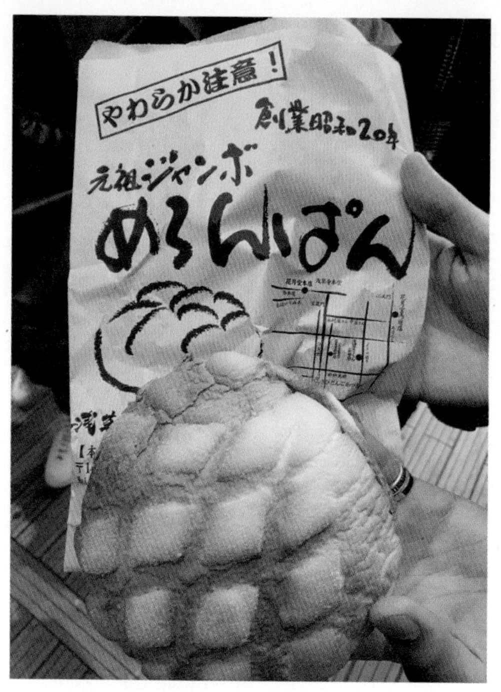

붕어빵에 붕어 없듯이 메론빵에 멜론 없어요.

아사쿠사 카게츠도 본점

浅草花月堂 本店 7화

주인공들은 잠시 쉬어 가기로 하고 이 가게로 와 각자 다른 색소가 들어간 빙수를 하나씩 즐겼다. 미사는 딸기 맛이 나는 이치고미르크氷いちごミルク(700엔), 쥰은 말차 맛이 나는 맛차氷抹茶(500엔)를 골랐다. 이 가게에서 주인공 3인방은 진로에 대해 고민한다. 이들이 먹었던 빙수는 아쉽게도 여름 한정 메뉴다.

한편 이 가게는 드라마 '와카코와 술' 시즌4 5화에서도 등장한다. 아사쿠사샤테키죠浅草射的場에서 사격을 즐기고 경품까지 얻은 와카코. 그녀는 빙수야말로 일본의 여름이라며 거대한 말차 팥빙수를 테이크아웃해 걸어 다니며 먹는다. 이 빙수를 카게츠도 본점에서 산 것이었다. 이 가게는 와카코가 사격했던 사격장 아사쿠사샤테키죠우 바로 옆에 위치해 있다.

1945년 개업한 카게츠도 본점은 많이 팔 때는 하루에 메론빵 3000개를 판다고 한다. 사장인 유키 요시후미 씨는 재미나게도 도쿄농업대에서 발효학을 공부하고 제분업체의 연구직으로 10년간 근무한 경력이 있다고 한다. 더 재미난 것은 직원들을 뽑을 때 빵에 대한 지식이 전혀 없는 사람들만 뽑는다는 것.

주소 東京都台東区浅草 2-7-13 전화 03-3847-5251 영업일 09:00-17:00(연중무휴) 교통편 도쿄메트로東京メトロ 긴자선銀座線 아사쿠사역浅草駅 3번 출구 도보 7분

시원한 빙수의 손짓! 여름 한정 유혹!

〔 아사쿠사 카게츠도 제공 〕

아사쿠사메이다이라멘 요로이야

浅草名代らーめん 与ろゐ屋 7화

아사쿠사에서 노느라 이제 슬슬 배가 고파진 주인공 3인방이 찾아간 가게다. 늘 진중한 준은 우메시오라멘梅塩ラーメン이 맛있다며 만족감을 느낀다. 이후 친구들과 헤어진 오오사와는 다시 아사쿠사에 와 주변을 둘러보다 고이즈미를 만나게 되고 그녀에게 이 가게의 쇼유라멘醤油 ラーメン이 맛있다고 전한다. 그러자 고이즈미로부터 이 가게에 대한 이야기를 듣는다. 이 가게의 주인은 이곳 아사쿠사에서 태어나고 지금껏 자라 그리운 맛의 쇼유라멘을 잘 만든다고 말이다. 고이즈미와 오오사와는 요로이야에서 밤 한정 메뉴인 '요로이야브락쿠与ろゐ屋ブラック(900엔)'를 즐긴다.
이 라멘은 후추와 유자가 들어가고 국물이 검은 것이 특징으로 토야마브락쿠라고 하는 메뉴를 이 가게의 방식으로 살짝 바꾼 라멘이다. 오후 5시 이후에 10그릇 한정으로 팔고 있는 라멘이다.
가게의 창업자인 마츠모토 씨는 태어난 곳도 자란 곳도 아사쿠사였다. 마츠모토 씨는 매월 2박3일 일정으로 전국을 다니며 맛있는 라멘을 먹으러 다닌다고 한다. 현재는 마츠모토 씨의 아들 부부도 함께 운영에 뛰어들었다.

주소 東京都台東区浅草1-36-7 전화 03-3845-4618 영업일 평일 11:00-21:00 / 토, 일, 국경일 11:00-21:30(연중무휴) 교통편 도쿄메트로東京メトロ 긴자선銀座線 아사쿠사역浅草駅 3번 출구 도보 5분

부자가 운영 중인 아사쿠사의 명물!

야로라멘 아키하바라점

野郎ラーメン 秋葉原店 9화

고이즈미가 숙주, 부추, 양배추 등의 야채에 엄청난 돼지고기가 토핑된 메가부타야로 라멘メガ豚野郎ラーメン(1480엔)을 먹은 집이다. 고이즈미의 옆자리 남학생은 분명 고이즈미가 다 먹지 못할 거라고 비웃었지만 고이즈미는 보란 듯이 엄청난 기세로 먹어 치운다. 고이즈미가 먹은 라멘은 토핑이 엄청나기 때문에 밑에 있는 면을 조심히 잘 꺼내어 먹어야 불기 전에 굵은 면발을 잘 완식할 수 있다. 고이즈미는 완식 후, 바로 소프트아이스크림 크레미아クレミア(500엔)를 주문해 음미했다. 크레미아는 크림+프리미어를 합쳐 만든 브랜드다. 생크림 25%를 사용해 부드럽고 고양이 혓바닥을 닮은 고급 쿠키로 만든 콘을 쓰고 있다.

가게에는 미소녀가 안내하는 방송이 끊임없이 흘러나왔다. 아키하바라의 오타쿠 오빠들을 가게로 유혹하고 있는 것이다. 가게 건물 전체에도 '아오기리 고교 게임부' 미소녀들의 캐릭터로 아주 크게 도배되어 있다.

주소 東京都千代田区外神田3-2-11 전화 03-5296-8690 영업일 11:00-23:00(연중무휴) 교통편 JR 야마노테선山手線, 케이힌토호쿠선京浜東北線, 소부선総武線 아키하바라역秋葉原駅 덴키가이출구電気街口 도보 5분

오타쿠들의 감성을 자극하는 미소녀들이 가득한 라멘!

호프켄 센다가야점

ホープ軒 千駄ヶ谷店 9화

아침운동을 하고 식사 제한까지 하지만 도저히 고이즈미의 미모를 따라가지 못한다고 생각한 미사. 그녀는 운동을 하다가 우연히 고이즈미를 발견하고는 숨겨진 비법을 알려달라고 하지만 그저 라멘을 먹는 것이 몸매와 미모의 유지 비법임을 알게 된다. 그렇게 도착한 라멘 가게가 호프켄이다. 고이즈미와 미사 모두 별다른 수식어가 붙지 않은 '라멘ラーメン(850엔)'을 음미한다. 다만, 세아부라라는 기름기가 많아 다이어트 중인 미사를 경악시킨다. 하지만 맛있게 잘 먹은 미사는 마니아가 되어 호프켄 노가타점에 가서 또 같은 라멘을 먹기까지 한다.

호프켄은 서서먹는 라멘집으로 가게 좌측에 있는 보온고에 물수건이 있어 셀프로 찾아서 사용하면 된다. 물도 셀프다. 1층은 카운터석이고 2층은 주로 단체 손님을 받는다.

그릇을 놓을 수 있는 선반에 있는 매콤한 양념을 넣어 먹으면 한국인인 우리들에게 반가운 맛으로 변신한다. 호프켄 센다가야점의 창업은 1960년이다. 우시쿠보 히데아키 씨가 제과점에서 일하다가 우연히 전봇대에 호프켄의 포장마차 운영자 모집공고를 보고 그렇게 모집된 100대의 포장마차 중 하나로 시작했다고 한다.

주소 東京都渋谷区千駄ヶ谷2-33-9 전화 03-3405-4249 영업일 24시간영업 연중무휴
교통편 토에이지하철都営地下鉄 오에도선大江戸線 코쿠리츠쿄기죠역国立競技場駅 A2 출구 도보 5분

기름기 넘치는 라멘인데 왜 깔끔하지?

카구라자카한텐

神楽坂飯店 10화

쥰이 어머니로부터 예약해 둔 가게를 가지 못하게 되었으니 대신 가서 맛있게 먹으라는 전화를 받고 친구들인 유, 미사, 고이즈미를 불러 함께 가게 된 가게다. 반장 쥰 덕분에 라멘을 먹을 수 있게 된 고이즈미는 탄탄멘担々麵(730엔)과 쟌보라멘ジャンボラーメン(750엔)을 주문한다. 그러는 사이 서빙된 초대왕만두인 특제 쟌보교자ジャンボ餃子(9600엔)를 보고 주인공 모두 마치 케이크 같다며 크기에 깜짝 놀란다. 미사는 라유와, 유는 식초와 함께 교자를 음미한다. 라멘을 완식한 고이즈미는 쑥갓이 들어간 슌기쿠멘春菊麵(730엔)과 챠슈멘チャーシュー麵, 고모쿠소바五目そば(730엔), 마보멘麻婆麵(730엔)을 추가 주문해 즐긴다. 친구들은 고이즈미가 이렇게 먹을 거면 가게에서 진행하는 만두 많이 먹기에 도전할 걸 하는 아쉬움을 남겼다.

옛날에는 무게 2.5kg의 특제 쟌보교자를 1시간 안에 완식할 경우 공짜라는 이벤트가 있었는데 없어졌고 현재는 여러 명이 나눠먹을 수만 있다. 만두의 크기 때문에 일본뿐만 아니라 해외 방송국에서도 많은 취재를 왔었다. 그래서인지 가게 벽면에는 연예인 등 유명인들의 사인으로 가득하다.

가게는 1985년 문을 열었는데 1대 점주는 돈없는 학생들이나 근로자들이 배불리 먹을 수 있으면 좋겠다는 생각을 가지고 있어 '100개 완식하면 무료' 같은 챌린지 메뉴를 냈다고 한다.

주소 東京都新宿区神楽坂1-14 전화 03-3260-1402 영업일 11:00-15:00, 17:00-22:00(일요일은 쉼) 교통편 도쿄메트로東京メトロ 유라쿠쵸선有楽町線, 난보쿠선南北線 이이다바시역飯田橋駅 B3출구 도보 1분

만두먹고 죽은 귀신
때깔도 곱다!

도톤보리 카무쿠라 신쥬쿠점

どうとんぼり神座 新宿店 11화

오오사와 유는 학교에서 맛있는 라멘 요리에 힘쓴다. 맛을 본 고이즈미는 방금 만든 라멘의 기원이 있다며 방과 후 유를 어느 가게로 인도한다. 그리고 유에게 오이시이라멘おいしいラーメン(750엔)을 추천한다. 이 라멘에는 배추가 듬뿍 들어가 있다. 배추에 국물이 배어 더 달달해진다. 이 라멘은 간장베이스 국물이고 끈적이거나 고기의 누린내가 없이 개운하고 깔끔하다. 면은 가늘며 돼지고기 챠슈는 얇고 넓적한 삼겹살을 쓴다. 부추가 테이블에 있어 유처럼 부추를 넣어 먹어도 된다.

참고로 식권 자판기는 가게 밖에 있다. 유료 토핑에는 삶은 계란, 파, 김치, 숙주, 야채, 챠슈가 있다. 1986년 오사카 도톤보리의 뒷골목 4평 가게에서 처음으로 탄생한 라멘 브랜드이다.

가게 내 · 외부가 무척 깔끔하다는 인상을 받았는데 이 체인 브랜드의 3가지 고집 중 하나 바로 청결함이었다. 환락가인 카부키쵸 한가운데 위치해서 가게 밖은 술집 호객꾼들로 넘친다. 손님들 중에도 적당히 취해서 해장하기 위해 이곳을 찾은 이도 보인다. 이 집의 스프는 엄격한 심사를 거쳐 합격한 자에게만 조리를 시키는 '스프 소믈리에 제도'를 만들어 시행하고 있다.

주소 東京都新宿区歌舞伎町1-14-1 전화 03-3209-3790 영업일 24시간 영업 교통편 세이부철도西武鉄道 신쥬쿠선新宿線 세이부신쥬쿠역西武新宿駅 쇼멘출구正面 도보 3분

양배추가 들어가 달달하지만 깔끔한 국물 그 자체!

『망각의 사치코』 속 그곳은…!

忘却のサチコ

신랑이 갑작스럽게 미안하다는 쪽지 하나를 남기고 도망가는 일을 겪게 된 예비 신부 사치코. 그녀는 멘붕이 와서 멍해 있지만 맛있는 것을 먹을 때만큼은, 그 아픔과 트라우마를 극복할 수 있게 된다. 편집부에서 열심히 홍보 마케팅, 섭외 일을 하는 멋진 여성 사치코의 입맛을 추적해보자.

오니기리 봉고

おにぎり ぼんご 2화

지니어스 쿠로다라는 작가에 대한 연애소설 섭외가 쉽지 않아 사치코가 오니기리로 유혹하려고 오니기리를 산 집이다. 사치코는 지니어스 선생의 아파트 현관 바로 앞에서 오니기리 냄새를 부채질해서 결국 지니어스 쿠로다 선생을 문밖으로 나오게 만든다. 오니기리를 좋아하는 작가는 익히 이 집 오니기리의 맛을 알고 있어 한 입 먹고는 크게 감동한다. 배꼽시계가 울린 사치코에게 작가는 오니기리 한 점을 권한다. 크기와 맛에 놀란 건 사치코도 마찬가지였다. 이들은 오니기리 봉고 가게로 소환되어 가게 안에서 오니기리를 소개하는 뮤지컬을 선보인다. 역시 일본 드라마다운 연출이었는데 여자 배우의 매력을 느낄 수 있는 장면이었다.

역출구에서 오니기리 봉고를 찾아가다가 전차가 일반 도로로 달리고 있어 깜짝 놀랐다.

오니기리봉고는 연어, 명란젓 김밥, 오징어젓 김밥, 연어알 김밥, 치즈 김밥, 카레 김밥, 돼지김치 김밥, 계란 김밥, 낫또 김밥, 멸치 김밥, 닭고기 튀김 김밥, 참치 김밥 등 56종으로 다양하다. 1960년부터 영업을 해온 오래된 가게 본점이라 앉을 자리가 없는 정도가 아니라 평일 점심 밖에 대기 줄이 30미터씩 늘어선 대 인기 가게다. 가게 이름인 봉고는 타악기의 이름인데 타악기인 봉고의 소리처럼 멀리 가게 이름이 퍼져나갔으면 좋겠다고 해서 이름지었다. 현재는 2대 점주 유미코 씨가 가게를 이어가고 있다.

주소 東京都豊島区北大塚2-27-5 1F 전화 03-3910-5617 영업일 11:30-20:00(테이크아웃은 21:30까지 가능) (일요일은 쉼) 교통편 JR 야마노테선山手線 오츠카역大塚駅 북쪽 출구北口 도보 2분

엄청난 행렬! 오늘 내로 먹을 수 있을 것인가? 그것이 문제로다!

미란

ミラーン 3화

빈 캔을 휴지통이 꽉 차 버리지 못한 사치코는 자신도 모르게 혓바닥을 찬 것이 도망간 남자친구에 대한 데미지라고 생각하고 배울 채우려 한다. 그래서 푸드트럭에서 당근, 강낭콩, 토마토 등이 들어간 매콤한 마사라치킨카레マサラチキンカレー(700엔)에 반숙계란인 온타마温玉(80엔)를 토핑해 먹었다. 마사라치킨카레의 닭고기는 튀긴 것이 아니라 구운 것이다. 되도록 기름을 사용하지 않겠다는 츠무라 타카코 여사장의 의지가 담긴 것이다. 카레 역시 밀가루가 들어가지 않는다. 향신료를 사러 이따금 인도까지 간다니 열정이 대단하다.

이 푸드트럭의 근거지는 다름 아닌 오하나쟈야역お花茶屋駅에 있는 2004년 오픈의 남인도 카레 전문점 미란이다. 미란은 푸드트럭을 여러 대 운영하고 있다. 오너에게 사치코가 도시락을 먹던 촬영지를 문의한 결과, 세타가야의 한 공원이었다고 한다.

4종(평일)에서 6종(토, 일)의 카레 중에서 선택할 수 있는데 1종류의 카레만 먹을 때는 850엔, 두 종류의 카레 선택 시 950엔, 세 종류는 1050엔이다. 매장에서 먹을 경우, 샐러드 혹은 자가제 요구르트 중에 하나가 무료로 나온다. 푸드트럭에서 파는 도시락을 먹고 싶다면 페이스북 계정(@millan.curry)에서 푸드트럭 위치와 일정을 확인하면 된다.

주소 東京都葛飾区お花茶屋1-19-8 전화 03-3838-2718 영업일 11:30-14:30(일요일은 쉼) 교통편 케이세이전철京成電鉄 케이세이혼선京成本線 오하나자야역お花茶屋駅 북쪽 출구北口 도보 3분

친절한 사장님의 발품이 만들어낸 인도 카레의 정수!

〔 츠무라 타카코 제공 〕

친카시사이 아카사카 1호점

陳家私菜 赤坂1号店 3화

도망간 신랑에게 민폐를 끼치지 않겠다는 생각을 하다가 먹을 것으로 신랑을 잊겠다는 생각을 하게된 사치코는 어느 가게의 간판을 보고 들어간다. 그리고 메뉴판의 도삭면을 유심히 바라본다. 결국 간소마라토쇼멘元祖麻辣刀削麵(1078엔)을 음미하기 시작한다.

이곳의 원조 마라토쇼멘에는 갈은 고기가 토핑의 전부일 정도로 단순하지만 만드는데 상당한 기술을 요한다. 일정하게 면이 깎여야 하고 빨리 깎아야 먼저 들어간 면이 붇지 않고 늦게 들어간 면이 안 익지 않기 때문이다. 면 반죽도 너무 부드러우면 깎이지 않고 너무 단단하면 손님들의 식감이 안 좋아진다고 한다.

친카시사이 아사카사1호점은 1995년. 일본 최초로 도삭면을 선보인 가게다. 도삭면은 중국 산서성에서 처음 나온 음식이다. 몽골족 왕이 한민족의 반란을 무서워해서 무기를 거둬들였을 때 가정의 식칼마저 몰수한 일이 있는데, 이때 밀가루로 만든 반죽을 철판으로 얇게 깎아 면을 만들었던 것이 도삭면이 유래다.

드라마가 촬영된 가게는 지하에 위치하고 있는데 가게 외부 통로 벽에 주인아저씨와 드라마의 여주인공이 함께 찍은 사진 및 포스터를 붙여두셨다.

주소 東京都港区赤坂3-19-8 赤坂ウエストビル B1F 전화 050-5869-6364 영업일 월~금 17:30-23:00 / 국경일 17:30-21:30(토, 일요일은 쉼) 교통편 도쿄메트로東京メトロ 마루노우치선丸ノ内線, 긴자선銀座線 아카사카미츠케역赤坂見附駅 10번 출구 도보 3분

원조가 만들어낸 울퉁불퉁하고 매운 도삭면의 향연

〔친카시사이 제공〕

도로닌교

泥人形 5화

소개팅남이 알고 보니 어렸을 적 친구였다는 것을 알게 된 사치코. 이 둘은 다리 위에서 큐쇼쿠토방의 아게빵 튀김빵을 먹으며 서로의 정체를 알게 된다. 급식당번이란 이름의 푸드트럭에서 판매한 빵인데 아쉽게 폐점했다. 그렇다면 다음 주인공들의 맛집을 알아보자. 도로닌교! 사치코는 감칠맛이 얇은 면에 더해져 입안에 퍼진다며 감탄한다.
사치코의 말처럼 나포리탄은 나폴리의 음식이 아니다. 케첩을 넣은 스파게티를 생각해 낸 것이 일본이다. 이 집의 나포리탄ナポリタン(1000엔)에는 양파, 피망, 버섯, 베이컨 소시지, 오징어 등이 들어가 있다. 나포리탄을 판매하는 집에 거의 대부분 치즈가루가 놓여져 있기 때문에 치즈를 듬뿍 뿌려 먹어 보자. 지하의 숨겨진 아지트같은 이 가게는 1980년 오픈해 그런지 오래된 느낌을 풍긴다. 가게 내부는 천정의 스테인드글라스나 벽면의 벽돌 인테리어 그리고 특이하고 때가 탄 의자가 눈에 띈다.
가게 이름은 유명한 소설가인 아쿠타가와 류노스케의 '라쇼몽'이라는 소설에서 나온 단어인 '흙으로 빚어 만든 인형=도로닌교'를 채용해 만들었다.
이 가게는 남편의 스캔들로 오랜만에 변호사로 컴백한 아내의 활약과 성장을 그린 '굿 와이프' 7화에서도 주인공 부부가 사건 해결에 키를 쥔 정보제공자에 대한 이야기를 하던 카페로 등장했다.

주소 東京都渋谷区千駄ヶ谷4-20-2 B1 전화 03-3404-3646 영업일 월-금 09:00-19:00 / 토요일 10:00-18:00(비정기적 일요일 휴무 있음) 교통편 JR 츄오소부선中央・総武線 센다가야역千駄ヶ谷駅 출구(출구 1개뿐) 도보 5분

세상에! 가게 이름의 유래가 소름!

보나훼스타

bona festa 8화

회사 남자 후배인 고바야시가 갑자기 사치코에게 배 안 고프냐며 안내한 프랑스풍 러시아 요리 가게다. 사치코는 프랑스풍 러시아 요리라는 것에 의문을 가진다. 고바야시가 사치코에게 추천한 페리메니ペリメニ(테이크아웃 850엔)는 밀가루 반죽으로 다진 고기를 싸서 삶은, 이른바 러시아의 물만두다. 사치코는 쫀득한 겉피에 다진 고기와 양파의 식감에 놀란다. 그것은 물만두와 달리 페리메니에는 사와크림이라는 녀석을 둘렀기 때문이다. 사와크림은 러시아에서 자주 쓰는 소스다. 더 특이한 점은 물만두 같은 녀석 바깥으로 프랑스요리인 라따뚜이가 아래에 둘러져 있다는 것이다. 페리메니를 라따뚜이와 함께 먹을 수 있는 건 드문 경험일 것이다. 사치코는 고기와 비트가 들어간 빨간 야채스프인 보르시치(테이크아웃 850엔)와 미트소스를 넣고 튀긴 빵인 피로시키ピロシキ(1개 350엔)를, 고바야시는 버섯 수프 위를 파이가 감싼 가르쇼크인 츠보이리크리무스프ツボ入りクリームスープ(테이크아웃 1100엔)와 빵 피로시키를 즐긴다. 피로시키는 러시아식 빵으로 다진 고기, 삶은 달걀, 치즈, 감자, 쌀 등 여러 가지가 들어간다. 주인공들은 마지막으로 비후스토로가노후ビーフストロガノフ(테이크아웃 1700엔)까지 음미한다. 1988년 창업한 노포지만 실내는 군더더기 없는 인테리어로 매우 깔끔하다. 평일 런치로는 A. 러시아풍 캬베츠롤조림ロシア風キャベツロールのトロトロ煮(3, 300엔) B. 러시아풍햄버그ロシア風やわらかハンバーグ(3, 400엔) C. 일본소 스토로가노후和牛フィレのストロガノフ(4, 700엔) D. 가리비의 성게소스ホタテのウニソースがけ(4, 500엔)가 있는데 토요일, 일요일, 국경일에는 가격이 비싸진다. 게다가 디너는 평일, 주말 상관없이 가장 비싸진다.

주소 東京都台東区雷門2-6-9 ガーデン ビル 1F 전화 03-3847-5277 영업일 월-토 11:30-15:00, 18:00-22:30 / 일, 국경일 11:30-15:00, 17:00-22:30(수요일, 목요일은 쉼) 교통편 도쿄메트로東京メトロ 긴자선銀座線 타와라마치역田原町駅 3번 출구 도보 5분

에도의 성지 아사쿠사에서 러시아 혁명을 일으키다.

타이메이켄

たいめいけん 10화

무사히 토론회를 마친 사치코가 길을 걷다가 1931년 창업이라는 간판에 이끌려 들어간 가게다. 사치코는 오무라이스オムライス(2200엔), 게살로 만든 고로케인 가니크리무코롯케カニクリームコロッケ(2500엔), 콘소메 스프를 주문한다. 가니크리무코롯케는 2개가 나오고 토마토 등이 들어간 야채샐러드와 마카로니, 레몬 등이 곁들여진다. 사치코는 오무라이스를 주문했는데 주인은 탄포포오무라이스たんぽぽオムライス(2800엔)를 내왔다. 드라마상에서 비슷하지만 다른 메뉴를 가져왔는데 왜 이의를 제기하는 모습이 없는지 의문이다. 아무튼 사치코가 받아 든 탄포포오무라이스는 부드러운 반숙 달걀말이의 배를 갈라 소스를 쳐서 치킨라이스 볶음밥과 함께 먹으면 최강의 조합이다.

1931년 개업한 이 가게는 현재 3대째 주인인 57세의 모데기 히로시 씨가 운영 중으로 드라마에 주인이 직접 출연하여 직접 요리하는 모습과 사치코에게 서빙하는 연기까지 펼쳤다.

어렸을 적 소심했던 가게 주인에게 주방은 놀이터였으며 집이었다. 집이 아닌 이 식당에서 밥을 모두 먹었다. 중학교에 올라가면서는 방학 때 미국으로 홈스테이를 자주 갔다. 어째서인지 요리에는 관심이 없었지만 1대 점주인 할아버지가 가게와 관련한 책을 출판하면서 책에 "너는 타이메이켄의 3대다."라고 메시지를 적어준 데 큰 감동을 받아, 이후로 사명감을 가지고 대를 잇겠다는 다짐을 하게 되었다고 한다.

주소 東京都中央区日本橋室町1-8-6 전화 03-3271-2463 영업일 1층영업 11:00-20:00 / 2층영업 11:00-15:00, 17:00-20:00(1층은 월요일은 쉼, 2층은 일요일, 월요일은 쉼) 교통편 도쿄메트로東京メトロ 긴자선銀座線 미츠코시마에역三越前駅 B6 출구 도보 4분

다재다능한
재간둥이 사장님의
포근한 오무라이스!

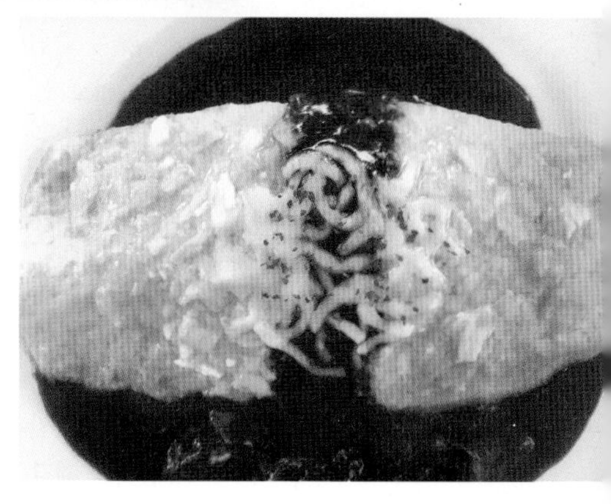

오카

丘 11화

사치코와 고바야시가 취재하러 간 찻집. 화면에선 가게의 간판을 커다랗게 잡아준다. 점내에 커다란 샹들리에가 중후함을 풍기는 인상적인 어른들의 점포다. 두 사람은 취재를 위해 세 사람을 만나는데 사람은 바뀌어도 모두 크리무소다クリームソーダ(650엔)를 마시는 건 변함이 없었다.

그러나 이 집의 가장 유명한 메뉴는 나포리탄과 샌드위치다. 1964년부터 이어온 가게 이름은 '언덕'이라는 뜻인데 가게의 위치는 정작 지하 1, 2층이라는 것이 재밌다. 현재는 2대 점주가 가게를 이어가고 있다. 문에 커피, 음악이라는 문구가 반쯤 떼어져 있는데 창업 당시에는 음악 찻집이었는데 오래된 LP가 망가지면서 더는 음악을 틀지 않았다고 한다. 아직도 카운터에는 빼곡하게 레코드가 소장되어 있다.

한편 이 카페는 음료와 디저트 드라마인 '찻집을 사랑해서' 3화의 무대이기도 하다. 아이디어를 찾아 찻집에 다니는 만화가 준페이의 이야기를 다룬 이 드라마에서 주인공은 나포리탄ナポリタン(700엔)과 레몬스캇슈レモンスカッシュ(630엔)를 즐긴다. 나포리탄에 타바스코 소스와 파마산 치즈를 뿌려 먹어보자.

준페이가 눈독 들인 옆자리 미녀와 서로 입에 넣어준 디저트는 크림과 파인애플이 듬뿍 들어간 파인파훼パインパフェ(800엔)였다. 해고당한 샐러리맨에게 주인아주머니가 공짜로 준 것은 비엔나커피인 윈나코히ウィンナコーヒ(550엔)다. 끝으로 미녀 아가씨가 준페이가 나가자 안심하고 주문해 먹은 음식은 카레라이스カレーライス(700엔)와 치즈케키チーズケーキ(350엔)였다.

이곳은 수사권이 없는 경찰서 총무과, 생활안전과, 회계과 직원 등 4명이 모여 사건을 자기들의 방식을 해결하는 2022년 일본 드라마 '첫사랑의 악마' 8화에서 형사들이 일에 대한 이야기를 나누며 하얀 빙수를 먹던 촬영지로 사용되었다.

게다가 키무라 타쿠야 주연의 드라마 '아임홈'에서도 촬영지로 사용되었는데 이 사실은 주인아저씨께서 알려주셨다. 아주머니께서 일본에 있는 한국 학교를 나오셨다고 했다. 주인아저씨와 주인아주머니는 돌아가신 전 주인의 아들, 딸이었다.

재일교포 남매 사장님이 운영하는 옛날 다방의 노스텔지어

주소 東京都台東区上野6-5-3 尾中ビル B1F 전화 03–3835–4401 영업일 화, 수, 목, 금 10:00–17:30 / 토, 일, 국경일 10:00–17:00(월요일은 쉼) 교통편 JR 야마노테선山手線, 케이힌토호쿠선京浜東北線 오카치마치역御徒町駅 북쪽 출구北口 도보 2분

TOKYO

『와카코와 술』 속 그곳은…!

ワカコ酒

26세의 사무직 여성 무라사키 와카코는 아무도 신경 쓰지 않고 혼자 먹고 마시며 메뉴를 볼 때 가장 행복하다. 식당과 술집에서의 한 잔이 귀가하기 전, 하루 동안 고생한 자신에게 주는 하나의 선물이라고 생각하는 여성이다. 근검절약하는 것도 모두 술 한잔 하기 위해서다. 드라마의 제목대로 술과 그에 맞는 음식과 안주를 행복하게 즐기는 귀여운 와카코의 모습을 재미나게 그린다.

아사쿠사 킨교, 아사쿠사샤테키죠

浅草きんぎょ, 浅草射的場 시즌4 5화

여름휴가 기간이 다가와 뭔가 설레는 와카코는 거리를 걷다가 여름 제철 옥수수튀김을 먹어보라는 간판을 보고 아사쿠사 쥬로쿠浅草じゅうろく(東京都台東区浅草4-37-8, 03-6240-6328)라는 가게로 들어가게 된다. 그리고 토모로코시노텐푸라와 기린 병맥주를 주문한다. 맛있게 즐긴 와카코는 유카타를 입고 아사쿠사 센소지浅草寺에 가서 기도를 하고 헌금도 한다. 그리곤 아사쿠사 킨교라는 가게에서 작고 약한 뜰채로 금붕어구하기 게임인 킨교스쿠이金魚すくい(1회 300엔)를 즐기고 아사쿠사샤테키죠에서 사격(490엔)을 즐긴다.

아사쿠사 쥬로쿠라는 가게는 와카코가 특별할 것 없는 옥수수튀김을 즐겼기 때문에 지면을 할애하지 않았다. 아사쿠사킨교와 아사쿠사샤테키죠는 메론빵으로 대단히 유명한 카케츠도 본점 바로 앞과 옆에 붙어 있어 쉽게 찾을 수 있다. 일본산 노송나무로 수조를 만든 금붕어 건지기 게임(뜰채 2개 지급, 300엔)은 연인들과 아이들이 즐겨한다. 점포 오른편 벽에 금붕어인형들로 꾸민 포토 스팟이 있어 인기다.

사격장의 사격 게임은 18세 미만 사용불가로, 젊은 연인들의 독차지다. 넘어뜨린 부채, 손가방, 인형 등의 경품을 가져가는 시스템이다. 아사쿠사킨교와 아사쿠사샤테키죠 모두 메론빵으로 유명한 카케츠도가 운영하는 가게들이다.

아사쿠사킨교

주소 東京都台東区浅草2-7-13 전화 03-3847-5251 영업일 10:00-16:00(연중무휴) 교통편 도쿄메트로 긴자선銀座線 아사쿠사역浅草駅 3번 출구 도보 8분

금붕어 구하기와 사격을 하다보면 어린 시절이 새록새록

시모후사야식당

下総屋食堂 시즌4 10화

회사에서 아무 일 없이 무사히 업무를 마친 와카코는 이런 날은 고급스럽고 비싼 게 필요 없다며 퇴근 후 한잔 할 옛날 느낌의 정식 가게를 찾는다. 그리고 우선 삿포로 병맥주를 주문하고 메뉴를 둘러본다. 유리 쇼케이스에 메인 반찬들이 놓여 있는 데다 민생식당이라는 안내판이 있어 신기해하던 와카코는 고등어조림인 사바니サバ煮(300엔)를 주문한다. 집밥을 먹는 것 같은 안도감을 느낀 와카코는 차가운 일본 술인 히야자케에 쫄깃한 문어 초절임인 타코노스노모노タコの酢の物까지 즐긴다. 그렇게 끝나는 줄 알았던 이 가게와 와카코의 인연. 와카코는 다음에 이 식당을 다시 찾아 꽁치 소금구이인 산마노시오야키さんまの塩焼き까지 먹었다.

실제 이 가게는 연어, 꽁치, 고등어 등 생선 말고는 고기류가 없다. 반찬도 모두 무, 가지, 죽순, 감자, 호박, 피망, 고사리, 톳 등 단품 야채, 채소 일색이다. 이 가게는 1932년 개업한 가게다. 참고로 와카코가 신기해하던 '민생식당'이라는 단어는 일본제국주의가 멸망한 뒤에 쓰던 용어이다. 전쟁이 끝나고 1951년에야 외식권제도가 사라졌는데 제도가 폐지되면서 '민생식당'이라는 이름을 부여받게 되었다. 당시 500채 이상의 민생식당이 있었는데 이제 도쿄에 세 곳만 남았다고 하는데 이곳이 바로 그 세 곳 중 한 집이다. 현재 어머니와 아들이 운영하고 있다.

더불어 이 가게는 드라마 '사채꾼 우시지마군' 시즌2 2화에서 사채꾼 조직이 환영회를 한다며 맥주와 오뎅, 오무라이스(오무라이스는 실제로는 팔지 않는다)를 먹던 가게로도 등장한다. 이외에 '루팡의 딸'이나 '세상에서 가장 어려운 사랑', '닥터x 외과의사 다이몬 미치코' 등에서도 가게가 등장했다. 재미난 점은 황정민, 이정재, 전도연 주연의 우리나라 영화 '다만 악에서 구하소서'에서 황정민이 사진과 지도 등을 꺼내 보던 식당으로도 등장했다.

일본 서민 가정식의 진수를 맛볼 수 있는 촬영지 맛집!

주소 東京都墨田区横綱 1-12-33 전화 03-3622-3861 영업일 평일 09:30-20:00 / 토요일 09:30-18:30(일요일, 공휴일은 쉼) 교통편 JR 소부선総武線 료고쿠역両国駅 서쪽 출구西口 도보 3분

카키고야 츠키지식당

カキ小屋 築地食堂

시즌5 1화

시간이 빠르니 하루하루 소중히 보내자는 선임자의 말에 와카코도 하루를 소중히 여기자 생각하고 좋은 술을 찾아 나선다. 그녀는 점두에서 가리비를 굽는 압도적인 모습에 이끌려 가게로 들어간다. 사각 찜통에 8분 정도 쪄서 먹는 강강야키ガンガン焼き(6개, 1500엔)와 미야기현 오우라산 생굴 1개(기본 800엔이지만 시세 변동에 의해 바뀔 수 있음), 생맥주도 주문한다.

생굴은 레몬을 뿌려먹으면 된다. 해산물의 찜이 주력메뉴인 집이라 각 테이블에 가스 불이 하나씩 올려 있다. 큰 스텐레스 사각 도시락같이 생긴 녀석을 불에 올려 쪄먹는 찐 굴은 먹는 방법이 그림과 함께 코팅되어 있으니 그대로 따라 해 먹으면 된다. 목장갑을 주는데 거기에 비닐장갑을 끼고 뜨거운 굴을 하나 올린 뒤, 굴 칼을 찔러 넣고 껍질을 들어 올리고 굴을 먹으면 된다. 뜨거운 굴 육즙이 흘러내릴 수 있으니 옷에 주의해야 한다. 가게 안에서 먹어도 되고 가게 밖에서 드럼통을 상 삼아서 서서 먹어도 된다.

츠키지 시장 가장 복잡한 골목에 위치해 외국인들과 현지인들로 가게 밖은 인산인해다. 새우나 가리비, 성게나 굴을 이용한 솥밥도 이 집의 인기 메뉴다. 외관은 작은 가게 같지만 안쪽으론 나름 공간이 깊다.

주소 東京都中央区築地4-10-14 전화 03–6228–4880 영업일 09:00–16:00, 17:00–22:00(수요일은 쉼) 교통편 토에이지하철都営地下鉄 오에도선大江戸線 츠키지시죠역築地市場駅 A1출구 도보 5분

츠키지의 중심에서 굴구이의 달콤함을….

이치방한텐

一番飯店

시즌5 2화

중화요리 도시락을 또 먹지 못해 의기소침해 있던 와카코에게 상사가 좋은 중화요리집이 있다며 추천해준다. 오사무 데즈카가 좋아하는 가게라고 하며 말이다. 와카코는 퇴근 후 바로 상사가 추천해준 가게로 향한다. 이 가게의 메뉴판에는 아예 데즈카 오사무 선생님이 사랑한 야키소바의 가게라는 멘트가 박혀 있다. 와카코가 마신 술은 항아리 독에서 꺼낸 카메다시 소흥주다. 안주는 표고버섯튀김인 시이타케노카라아게椎茸の唐揚げ(390엔), 탕수육인 스부타酢豚 하프 사이즈(820엔)를 주문한다. 탕수육에 가지가 들어간 것을 두고 와카코는 신기해한다.

실제 스부타의 고기와 소스는 새콤달콤 정말 맛있고 자극적이다. 그리고 혼자 즐겁게 먹을 수 있는 적당한 가격의 단품이다. 표고버섯튀김에는 레몬 위에 소금이 같이 나온다. 표고버섯튀김은 분명 튀김인데 바삭바삭한 감이 없어서 실망했는데 요 녀석을 탕수육에 풍덩 담가 먹었더니 굉장한 맛이 됐다.

이 집의 가장 특이한 메뉴는 단골이었던 아톰의 작가 데즈카 오사무가 고안한 특제 상하이식 볶음 국수인 야키소바焼きそば(1450엔)다. 데즈카 오사무로부터 팔보채나 닭고기를 야키소바 위에 뿌리면 좋을 것 같다는 희망사항을 듣고 고안한 녀석이란다. 원래는 항상 바빠서 하루 1끼만 먹던 데즈카 오사무를 생각해 푸짐한 양으로 제공되던 메뉴에 없는 특별음식이었는데 데즈카 오사무가 사망한 뒤 정식 메뉴가 되었다. 가게는 창업한 지 70년이 넘었고 현재 2대 주인인 야마모토 씨가 3대 주인이 될 아들과 함께 경영하고 있다.

주소 東京都新宿区高田馬場4-28-18 전화 03-3368-7215 영업일 11:00-15:30, 17:00-22:30(수요일은 쉼) 교통편 JR 야마노테선山手線 타카다노바바역高田馬場駅 토야마출구戸山口 도보 6분

이치방한텐에서
아톰을 만나다!

토모시비야사케도코로 안지

灯屋酒処 Anji 시즌5 3화

특이한 이름의 가게를 머릿속에 넣어뒀다가 며칠 뒤 다시 오게 된 와카코는 주인장의 추천을 받아 바삭한 닭껍질 튀김인 토리가라폰즈鶏ガラポン酢(480엔)와 생맥주를 먼저 즐긴다. 그리고 오이타현 욧츠야주조에서 쌀보리로 만든 카네하치 소주兼八焼酎를 마신다. 이런 그녀에게 오이타현 출신의 주인장은 낫토치즈오무레츠納豆チーズオムレツ까지 추천한다. 낫토치즈오무레츠 위에는 잘게 썬 김과 갈아 내린 무가 올라간다.

와카코와 친근하게 대화를 나누는 가수지망생 아르바이트녀는 아르바이트를 마치고 점내에서 친구들을 만나 도리어 손님의 입장으로 닭튀김인 카라아게唐揚げ(650엔)와 또 다른 닭튀김인 토리텐とり天(650엔)을 주문한다. 이 집의 가장 인기메뉴가 바로 닭튀김인 카라아게다. 그냥 카라아게가 아니라 나카츠카라아게中津唐揚げ다.

이 집에 오이타현 술이 있는 이유는 이 가게의 주인이 오이타현 출신이라 그렇다. 가게 밖은 현란해보이지만 안은 테이블과 벽의 색을 거의 같은 톤으로 맞추고 소품을 벽에 덕지덕지 붙이지도 않아 눈이 피곤하지 않고 깔끔하다. 카운터석이 있어 1인 손님에게도 좋다.

주소 東京都中野区野方4-19-4 薫風ビル1F 전화 03–6310–9779 영업일 월–토 18:00–05:00 / 일요일, 공휴일 17:00–00:00(비정기적 휴무) 교통편 세이부철도西武鉄道 신쥬쿠선新宿線 노가타역野方駅 북쪽 출구北口 도보 1분

바삭한 닭튀김에 입천장이 까져도 좋아!

히로시맛코

広島っ子 시즌5 4화

직장상사가 철판이야기를 하는 것을 들은 와카코는 갑자기 철판구이에 꽂힌다. 퇴근 후 히로시마 오코노미야키라고 쓰여진 가게에 들어선 와카코는 칼로리가 낮다며 물기를 뺀 각지게 썬 두부를 만가닥 버섯과 삼겹살을 함께 철판에 구운 토후스테키豆腐ステーキ(680엔)와 생맥주를 즐긴다.

카운터석에 앉으면 호일에 음식을 올려 손님 앞 철판에 두기 때문에 식지 않은 음식을 계속 먹을 수 있어 좋다. 옆 손님의 메뉴를 보고 마 스테이크인 야마이모스테키山芋ステーキ(800엔)와 하이볼을 추가하는 와카코. 마 스테이크는 마를 둥그렇게 썰어 구운 녀석에다가 마즙을 덮은 녀석이다.

매우 비좁은 점포지만 카운터석에 앉아 여주인이 철판요리를 하는 모습을 보는 것이 즐겁다. 점내에 있는 히로시마 야구단의 포스터나 인형 굿즈들은 단골들이 하나둘 가져와 장식하게 된 것이라고 한다. 2002년 개업한 히로시맛코는 히로시마 출신의 50대 여사장님이 운영 중이다.

손님 한 명당 하나의 음식과 하나의 음료는 기본으로 주문해야 한다. 히로시마에서만 판매되는 맥주가 있기 때문에 술을 좋아하는 분들은 한번 도전하는 것도 좋을 듯하다. 가게 외부에는 와카코와 술의 드라마 포스터가 붙어 있다.

주소 東京都新宿区津久戸町1-12 전화 050-5597-4971 영업일 12:00-15:00, 17:00-24:00(월요일은 쉼) 교통편 JR 츄오소부선中央·総武線 이이다바시역飯田橋駅 동쪽 출구東口 도보 3분

리즈너블한 철판요리의 보는 맛!

아메리칸 다이닝구 바 산데이

アメリカン・ダイニングバー Sunday 시즌5 4화

와카코는 외국인한테 걸려 온 전화를 받아 당황하지만 여자 동료가 영어로 능숙하게 잘 대응한다. 와카코는 글로벌화에 동참하겠다며 뜬금없이 세계 맥주와 버거를 즐길 수 있는 아메리칸 다이닝구 산데이를 방문한다. 주문한 술은 시카고를 대표하는 쌉싸름한 맛이 특징 맥주인 알콜 5.9%의 구스 아일랜드(Goose Island) IPA(800엔)로, 와카코는 마음은 미국이라며 병나발을 분다. 그녀의 안주는 그리르도파이납푸루바가グリルドパイナップルバーガー(1295엔)인데 칼에 꽂혀 나오니 칼을 빼고 식탁 옆에 있는 종이에 버거를 싸서 먹으면 된다. 철판에 구워진 파인애플이 특징적인 버거다. 적어도 와카코가 주문한 버거를 먹을 때는 버거 페이퍼로 싸먹는다고 해도 육즙과 과즙 모두 조심해야 한다. 일찍 맥주를 다 마셔버린 와카코는 추가로 기린맥주의 브룩크린 라가ブルックリン ラガー(800엔)를 음미한다. 브룩크린 라가는 뉴욕 브룩클린 엘리아에 많은 양조장이 성행했던 1800년대 무렵에 그곳에서 인기가 있던 비엔나 스타일을 재현한 라거 타입 맥주다.
이집은 햄버거뿐만 아니라 샌드위치도 주 메뉴다. 밀크쉐이크나 소다플로트 같은 디저트도 인기다.
가게는 화이트톤의 밝은 인테리어에 불규칙한 벽돌과 흑백사진 액자로 포인트를 준 벽이 인상적으로 매우 깔끔하다. 바쁜 주말에는 1시간 이내의 식사제한이 시행되고 있다.
이 가게는 변호사들의 이야기를 다룬 2018년 일본드라마 suits 시즌1 4화에서 변호사들이 퀴즈 이벤트를 하던 레스토랑으로 실명 등장했다.

주소 東京都千代田区神田三崎町3-10-4 千代田ビル1F 전화 050-5597-9241 영업일 화-토 11:00-15:00, 17:00-22:00 / 일-월 11:00-15:00(연중무휴) 교통편 JR 츄오소부선中央・総武線 스이도바시역水道橋駅 서쪽 출구西口 도보 2분

육즙이 내 위장을 달래고 내 옷깃을 적신다.

슈맛츠 칸다점

schmatz 神田店

시즌5 7화

와카코는 동료가 영어 공부를 하는 것을 보고 또 세계화에 발을 맞추려 한다. 퇴근 후 독일 맥주라는 입간판에 시선을 빼앗겨 들어간다. 옆 손님이 즐기던 특제 독일 소시지 3종 모둠特製ドイツソーセージ3種盛り에 눈이 돌아간 와카코는 코민 끝에 1미터 길이의 소시지와 감자의 만남인 구루구루소세지토쟈만포테토ぐるぐるソーセージとジャーマンポテト(1800엔)를 안주로, 술은 독일 서부 비트부르크에서 탄생한 맥주인 빗토브루가bit buruger(950엔)를 주문해 즐긴다. 소시지를 주문하면 겨자소스가 나오니 함께 먹으면 느끼함을 줄일 수 있다. 한편 주인장은 기본안주인 오토시로 살구, 크림치즈, 크랜베리가 어우러진 카나페를 내어줬다. 추가 술이 필요했던 와카코는 가게에서 자체 제조한 흑맥주 핫휀스톱후ハッフェンストップ로 입가심을 한다.

참고로 가게 이름 슈마츠는 독일어로 '행복한 소리'라는 뜻이다. 2017년 문을 연 칸다점은 슈마츠의 2호점이다.

칸다점에는 8종류의 드래프트맥주가 있다. 서버에서 맥주잔에 따라주는데 서버의 손잡이가 동물의 뿔로 된 것이 재미나다. 외관만 보면 매우 비좁은 가게같지만 안으로 들어가면 나름 넓은 공간이 나온다. 카운터석이 있어 1인 여행자도 마음 편하게 식사할 수 있다.

주소 東京都千代田区内神田3-18-3 전화 050-5872-3385 영업일 월-금 17:00-23:00 / 토요일 12:00-23:00(일요일, 공휴일은 쉼) 교통편 JR 야마노테선山手線 칸다역神田駅 서쪽 출구西口 도보 1분

맥주엔 뭐다? 소시지다!

렌콘

れんこん

시즌5 8화

쉬는 날 우에노의 아메요코 상점가 등을 둘러본 와카코는 연근 모양의 모형이 벽에 박혀 있는 요릿집을 발견하고 들어간다. 여주인의 추천을 받아 미야자키현 오스즈야마 증류소에서 만든 알콜 25도의 보리소주인 야마자루山猿(한잔 580엔)를 주문하고 기본안주인 오토시로는 연근 무침을 받는다. 본격적인 메뉴를 고르던 와카코는 다양한 종류의 연근 요리들을 보고 놀란다. 그녀는 고민하다가 연근 사이에 다진 새우와 차조기잎을 끼워 넣어 튀김 반죽에 풍덩 담갔다가 튀기는 렌콘토에비노하사미아게れんこんと海老のはさみ揚げ(880엔)를 주문해 오독오독 씹히는 식감을 한껏 맛본다. 고소한 튀김과 야채 그리고 바다의 사치가 모두 모인 맛이라며 극찬하는 와카코.

1998년 개업한 렌콘은 연근 관련 음식을 20종류나 마련하고 있다. 가게는 두 곳으로 나뉘어 있다. 본관 가게 왼쪽으로 두 집 건너에 '렌콘 하나레'라는 가게가 지하에 있는데 이곳에서 와카코가 식사를 즐겼다. 실제로는 예약한 사람들 전용으로 쓰이는 장소로 평소에는 운영하지 않는다.

한편 와카코는 옆자리 손님들이 먹고 있는 만두와 거의 흡사한 렌콘신조, 자루소바와 비슷한 렌콘멘, 카나페에 시선을 사로잡히기도 했다.

주소 東京都台東区上野4-9-1 전화 050-5872-2235 영업일 금요일, 국경일 전날 17:00-23:30 / 토요일, 일요일 16:00-23:30 교통편 JR 우에노역上野駅 시노바즈출구不忍口 도보 3분, 케이세이전철京成電鉄 케이세이혼선京成本線 우에노역上野駅 이케노하타출구池之端口 도보 3분

오늘은 연근으로 대동단결!

보케로나

boquerona

시즌5 9화

회사 동료로부터 맛있는 가게를 알려달라는 부탁을 받은 와카코는 키타센쥬역에 내려 맛있는 가게를 찾아 나선다. 스페인바를 발견한 와카코는 스페인에서 유명한 정어리초절임인 이와시노스즈케イワシの酢漬け(660엔)를 오토시로 받는다. 그리곤 감자가 듬뿍 들어간 스페인식 오무레츠スパニッシュオムレツ(600엔)인 토르티쟈トルティージャ와 가리시아 카리온(500엔)이라는 잔 와인을 주문한다. 노릇노릇 고소한 두툼 오믈렛을 맛있게 즐긴 와카코는 생햄인 하몽세라노スペインの生ハム ハモン・セラーノ(700엔)를 추가한다. 완벽한 저녁을 보낸 와카코는 다음 날 후배에게 이 가게를 소개해준다.

보케로나는 2012년 키타센쥬의 좁은 골목길에 문을 연 가게다. 가게 외부에는 스페인 국기가 걸려 있다. 카운터석 위 선반에는 하몽인 돼지다리가 떡하니 자리하고 있다.

그러다 손님의 주문이 들어오면 점원이 칼로 열심히 베어 내어준다. 와인을 주문하면 와인에 대한 설명도 간단하게 해준다. 가격도 비교적 합리적인 가게다. 여러 음식의 테이크아웃이 가능하다.

주소 東京都足立区千住1-31-8 전화 050-5869-1858 영업일 화-금 17:00-22:30 / 토, 일, 공휴일 16:00-22:30(월요일은 쉼) 교통편 도쿄메트로東京メトロ 치요다선千代田線, 히비야선日比谷線 키타센쥬역北千住駅 1번 출구 도보 3분

키타센쥬에서 스페인의 향기를….

〔타카하시 히데유키 제공〕

도산코 신쥬쿠니시구치점

道産子 新宿西口店 시즌5 11화

회사 동료가 홋카이도에서 맛있는 게를 먹었다는 이야기를 듣고 와카코도 먹고 싶어 퇴근 후 신쥬쿠역 서쪽 출구 근처의 술집 골목인 오모이데요코쵸思い出横丁를 걷는다. 그러다 홋카이도 하코다테 야경이 인상적인 간판을 보고 들어간다. 그리곤 게 그라탕 크림 크로켓인 가니그라탕크리무코롯케カニグラタンクリームコロッケ(528엔)와 시바스리갈 미즈나라 12년 술이 들어간 하이볼을 주문한다.

시바스 리갈 미즈나라 12년은 일본에서만 출시되는 술이다. 코롯케를 주문하면 양배추와 방울토마토, 레몬에 더불어 가게에서 직접 만드는 타르타르소스가 곁들여 나온다. 와카코는 주인으로부터 게 다리 튀김을 서비스로 받는다.

와카코가 먹은 메뉴를 그대로 먹고 싶었지만 다 떨어졌다는 이유로 카니츠메크리무코롯케カニ爪クリームコロッケ를 주문해 즐겼다. 하지만 꿩 대신 닭으로 주문한 카니츠메크리무코롯케는 다름 아닌 와카코가 서비스로 받은 메뉴였다.

지하에 위치한 도산코는 창업 50년이 넘은 노포로 홋카이도에서 공수받은 어패류 요리로 유명하다. 나아가 음식이 테이크아웃 가능해서 반갑다. 그러나 흡연 가능한 가게라는 점은 아쉽다. 좁은 지하 가게가 정말 사람으로 꽉 차 있고 시끌벅적하다.

주소 東京都新宿区西新宿1-2-7 小杉ビル B1F 전화 050-5592-9333 영업일 평일 16:00-24:00 / 토요일 16:00-24:00(일요일은 쉼) 교통편 JR 쇼난신쥬쿠라인湘南新宿ライン, 사이쿄선埼京線, 츄오소부선中央・総武線, 야마노테선山手線 신쥬쿠역新宿駅 서쪽 출구西口 도보 3분

시끌벅적 술꾼들의 진정한 지하 아지트

몬자야키 시치고산

もんじゃ焼き 七五三

시즌6 5화

회사 선임자의 몬자야키 찬양을 듣다보니 자신이 몬자야키를 먹어본 적 없었단 걸 생각한 와카코는 퇴근 후 몬자야키 가게를 마침 발견한다. 이 가게의 가장 인기 메뉴는 명란떡치즈인 멘타이모치치즈明太もちチーズ지만 몬자야키 초보인 와카코는 추천을 받아 오징어와 새우가 들어간 몬자야키를 주문한다. 몬자야키 재료가 나오기 전, 기린 이치방시보리 병맥주를 마시며 기대에 부푼 와카코.

몬자야키는 큰 그릇에 재료가 나오는데 계란물이 아래에 있고 위에는 양배추와 재료가 있어 재료 먼저 적당히 볶은 뒤 동그랗게 둑을 만들고 그 안에 육수 물을 넣어 익힌다. 최후에 모두 섞어 익히다가 적당한 시점에 작은 주걱으로 조금씩 먹으면 된다. 사실 만드는 것은 걱정하지 말자. 점원이 처음부터 끝까지 직접 만들어주니 말이다. 가게는 1998년 개업했다.

벽에 음식과 술 메뉴가 잔뜩 붙어 있다. 몬자메뉴도 파, 생강, 카레, 옥수수, 떡, 새우, 마늘, 문어, 돼지고기, 소고기, 치즈, 김치, 가라비 등 대단히 다양하다. 가게 주인인 니시하라 씨에 의하면 가게 이름은 개업 당시 아들이 마침 5세여서 지은 것이라고 한다. 일본에서는 3세, 5세, 7세가 특별한 의미를 지니기 때문이다.

주소 東京都台東区西浅草2-23-7 전화 03-3847-5753 영업일 월요일 16:30-22:30 / 화-일 11:00-22:30(연말연시는 쉼) 교통편 도쿄메트로東京メトロ 긴자선銀座線 타와라마치역田原町駅 3번 출구 도보 8분

두려워 말라! 직원들이 만들어줄 터이니….

〔 몬자야키 시치고산 니시하라 제공 〕

촙푸스틱쿠스 키치조지점

チョップスティックス 吉祥寺店 시즌6 6화

전날 베트남 아가씨와 술을 마셔서 베트남 음식이 먹고 싶었던 와카코는 베트남 아가씨에게 추천받은 가게를 찾아 들어간다. 그리고 베트남 아가씨에게 추천받은 흰살 생선 허브 튀김인 챠카 하프 사이즈와 쌀국수인 분을 주문한다. 견과류까지 들어간 매콤한 챠카는 베트남 북부를 대표하는 요리다. 와카코는 챠카를 즐기기 전, 베트남 맥주인 후다에 춘권구이인 야키하루마키焼き春巻き(1개 550엔)를 먼저 음미한다. 이 집은 생춘권, 찐 춘권, 튀긴 춘권 등도 있다.

이 집의 춘권튀김은 새콤달콤한 소스 국물이 자작한 것이 특징이다. 쌀국수인 분은 국물이 없고 면만 나오는데 챠카를 얹어 먹거나 챠카와 함께 나오는 맘똠(베트남식 새우젓)을 곁들여 먹으면 된다. 손님의 90퍼센트가 여성이고 연령대도 젊다. 주말에는 줄 서야 하는 인기 가게다. 베트남을 연상시키는 내 · 외부 인테리어로 베트남에 온 기분을 느낄 수 있다. 테이크아웃 가능한 점이 반갑다.

주소 東京都武蔵野市吉祥寺本町1-31-4 日得ビル 1F 전화 050-5890-7902 영업일 월-금 11:30-14:30, 17:00-22:30 / 토, 일, 국경일 11:30-22:30(연말연시는 쉼) 교통편 JR 츄오소부선中央 · 総武線 키치조지역吉祥寺駅 북쪽 출구北口 도보 3분

키치조지에서 달콤새콤한 베트남과의 조우!

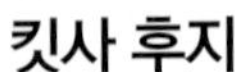

킷사 후지

喫茶 フジ

시즌6 7화

회의시간이 길어져 점심식사도 못한 와카코는 에스컬레이터를 타고 지하로 내려가다가 쇼케이스의 음식을 보고 카페로 들어간다. 그리고 홋토독구ホットドッグ와 아사히 병맥주(500엔)를 주문한다. 이곳에서 홋토독구(750엔)를 주문하면 포테토사라다ポテトサラダ에 커피 혹은 홍차(선택 가능)가 함께 나온다. 이곳 핫도그에는 양상추와 달걀프라이, 소시지가 들어가 있는데 소스로는 케첩과 겨자가 나온다. 와카코는 복고풍 카페를 술집같이 이용했다며 즐거워한다. 그녀는 시즈오카현을 대표하는 볶음국수인 후지노미야야키소바富士宮焼きそば(850엔)를 먹으려 하다가 직장동료들이 가게 밖에서 자신을 바라보고 있는 모습에 주문을 포기하고 밖으로 나간다.

낏사후지의 유명 메뉴는 화덕구이 팬케이크다. 가게 이름이 들어간 미니어처 컵(1650엔)을 파는 것도 이색적이다. 가게 벽면이 구름과 눈에 휩싸인 거대한 후지산 그림인 것이 특징이다.

회사가 밀집한 샐러리맨의 성지 신바시의 빌딩 지하에 있어 직장인 손님이 주를 이룬다. 소파가 안락함을 준다. 1971년, 빌딩이 들어선 해에 창업한 찻집이다. 1층 벽에 붙어 있는 지하상점가 플로어가이드를 보고 에스컬레이터를 내려가면 찾기 편하다. 다만 이 빌딩 자체가 재개발 계획에 들어가 언제 공사가 들어갈지 모른다는 점이 아쉽다.

주소 東京都港区新橋2-16-1 ニュー新橋ビル B1F 전화 03-3580-8381 영업일 월~금 10:00-19:00 / 토요일 10:00-18:00(일요일, 국경일은 쉼) 교통편 JR 야마노테선山手線, 케이힌토호쿠선京浜東北線 신바시역新橋駅 카라스노모리 출구烏森口 또는 히비야출구日比谷口 도보 2분

신바시에서 맛의 후지산이 폭발한다!

체르키오

チェルキオ 시즌6 9화

요리 교실을 마치고 집으로 돌아가는 길, 모처럼의 휴일이라 와카코는 좀 더 둘러보는데 마침 핑크빛 예쁜 가게가 보여 발걸음을 멈췄다. 그녀는 물소의 우유로 만든 모차렐라가 들어간 카프레제カプレーゼ(980엔)와 아란삿토 오렌지 와인アランサット オレンジワイン(한잔 750엔)을 주문한다.

여기서 재미난 점은 와인의 색이 오렌지 빛을 띠는 것이지, 진짜 오렌지가 함유된 것이 아니라는 것. 아란삿토 오렌지 와인은 백포도를 껍질과 씨까지 통째로 넣어 만든 것이라고 한다. 샐러드인 카프레제에는 토마토, 올리브오일, 모차렐라 치즈, 바질이 들어간다. 애초에 토마토와 모차렐라치즈를 번갈아 놓고 그 위에 드레싱을 얹은 이탈리아식 샐러드를 카프레제라고 한다.

체르키오는 무채색 건물들 사이 새빨간 외관이 인상적인 가게로 이탈리아 국기가 간판 이곳저곳을 수놓고 있다. 가게 외부 유리에는 그림과 문구들이 있는데 여주인이 직접 그리고 쓴 것이라고 한다. 가게에 협조를 드렸는데 키다 아카리님이 개구쟁이같은 사진을 메일로 보내주셨다.

여사장님이 이탈리안 요리에 관심을 두게 된 것은 술, 특히 와인을 좋아해서란다. 음식의 양은 전반적으로 좀 적지만 직원들의 친절한 접객 덕분에 가게에 대한 칭찬이 끊이지 않는다.

주소 東京都江東区木場2-20-10 ベイフレール木場 1F 전화 050-5872-3515 영업일 점심 11:30-14:30 / 저녁 월-목 18:00-23:00, 저녁 금, 토, 일 17:30-23:00(부정기적 휴무) 교통편 도쿄메트로東京メトロ 토자이선東西線 키바역木場駅 4B 출구 도보 1분

젊고 귀여운
여사장님의 요리 실력!
따라올 테면 따라와 봐.

〔 키다 아카리 제공 〕

카마아게우동 하츠토미

釜あげうどん はつとみ 시즌6 10화

신입사원 시절 회식자리가 불편해 어쩔 줄 몰라 제대로 먹지 못한 와카코가 회식이 끝나고 귀가하던 도중 발견해 들어간 미야자키식 우동집이다. 키츠네우동, 타누키우동, 매실돼지고기우동, 카마타마 명란버터우동에 눈길이 가던 와카코는 주인장의 추천을 받아 끝내 가장 기본적인 카마아게 우동(700엔)에 토핑으로 닭고기튀김인 토리텐とり天(2개, 350엔)을 추가해 음미한다. 주인으로부터 야마나시현의 시치켄주조七賢酒造의 후린비잔쥰마이風凛美山純米라는 술을 서비스로 받기도 한다. 신입시절 이런 추억이 있던 와카코는 다시 이 가게를 찾아와서는 소힘줄 야채볶음인 규스지토코우미야사이이타메牛すじと香味野菜炒め(550엔)와 미야자키현 카구라주조神楽酒造에서 만든 보리소주인 쿠로우마くろうま를 주문해 즐긴다. 소힘줄 야채볶음에는 숙주, 부추, 고추 등이 들어간다.

수타우동을 자랑하는 하츠토미는 약 20종류의 우동이 있다. 다른 우동집들에 비교해 가늘게 면을 만들어 사용하는데 수타라서 면이 울퉁불퉁하다. 미야자키식 카마아게우동은 솥에서 삶은 면을 뜨거운 물과 함께 그릇에 담아 주는데 특제 국물에 담가먹는 방식을 말한다. 할아버지가 주방에서 우동을 만들고 할머니가 서빙을 한다. 우동집에서 20년간 일한 주인장이 경험을 살려 2008년 차린 가게다.

이 가게는 일본드라마 '묵식여자' 2022년 sp 2화에서 주인공(오오하라 유노)이 니쿠타마우동을 먹었던 가게로 등장했다. 오오하라 유노는 '여자 구르메 버거부'에서 버거를 맛있게 먹었던 배우이기도 하다.

주소 東京都文京区関口1-48-5 イシダビル 1F 전화 03-3260-9234 영업일 11:30-14:30(일요일, 국경일은 쉼) 교통편 도쿄메트로東京メトロ 유라쿠쵸선有楽町線 에도가와바시역江戸川橋 1b 출구 도보 3분

노부부의 진중한 요리와 진중한 서빙! 그것만으로 족해!

大衆吉酒場
まるよし
Tokyo

『오늘밤은 코노지에서』 속 그곳은…!

今夜はコの字で

평범한 직장인 요시오카는 어느 날 대학 때 알던 케이코 선배의 추천으로 'ㄷ' 자 모양의 카운터가 있는 오래된 술집을 가게 되면서 이 특유한 형태의 술집과 안주 등에 푹 빠진다. 힘들 때면 꼭 케이코 선배와 도쿄의 여러 술집들을 돌아다니며 맛있는 저녁을 보낸다. 그러던 중 예쁘고 일도 잘하는 케이코 선배에 대한 감정이 점점 커져 가는데….

타야

田や 1화

대학교 등산 서클에서 만난 것을 계기로 친분이 있던 케이코 선배와 5년만에 술을 먹게 된 요시오카. 뻔뻔한 후배의 정시퇴근으로 정작 요시오카가 케이코와의 술 약속에 늦었지만 다행히 케이코 선배의 기분이 좋아보였다. 요시오카는 600ml 중 사이즈 기린 생맥주로 거친 숨을 달랜다. 참고로 이 집의 맥주는 오직 기린 맥주만 사용한다. 옆 손님에게 회모둠인 사시미노모리아와세刺身盛り合わせ를 선물로 받은 케이코와 요시오카의 기분은 한층 즐거워지는데 케이코는 요시오카가 들어가기 편한 체인점만 다닌다고 하자 어느 가게를 알려준다. 맛있는 술집 순례의 서막이다. 타야의 가장 명물인 고등어훈제 사바노쿤세이鯖の燻製(550엔)까지 즐기고 이 둘은 헤어진다.

타야는 1952년부터 이어온 노포다. 가게 내부 벽에 온통 메뉴 종이로 가득 차 있어 도리어 메뉴를 고르기 힘들 정도로 수백 종의 메뉴가 있다. 최초로 문을 연 선대의 이름 타야를 따서 가게 이름을 명명했다.

한편 이곳은 '고독한 미식가' 시즌2 9화의 촬영점이기도 하다. 고로는 독일에서 이벤트에 쓰일 일본식 초롱에 대한 의뢰를 받고 주조로 오게 된다. 연등 판매점에서 타야라는 가게의 연등을 보게 되는데 이후 배가 고파져 식당을 찾던 고로가 발견한 가게가 우연히 타야였다. 그는 고등어를 살짝 훈제한 사바노쿤세이, 굴튀김인 카키후라이牡蠣フライ, 잔멸치 덮밥인 톤부리시라스とんぶりしらす(500엔), 달걀말이인 타마고야키卵焼き를 즐겼다.

주소 東京都北区中十条2-22-2 전화 03-3909-1881 영업일 화~금 16:00~24:00 / 토, 일, 공휴일 16:00~24:00(월요일은 쉼) 교통편 JR 사이쿄선埼京線 쥬죠역十条駅 북쪽 출구北口 도보 3분

고등어훈제는 위험해! 차선책을 택하라!

다루마

だるま

1화

타야라는 가게에서 5년 만에 만난 케이코선배가 요시오카에게 필요한 가게라고 해서 요시오카가 찾아온 술집이다. 요시오카는 옛날 분위기를 풍기는 가게의 외관과 벽에 가득 찬 메뉴종이와 싼 가격에 압도된다. 요시오카가 참치 낫토인 마구로낫토를 뒤늦게 추가 주문하게 되는데 옆에 아저씨가 맘대로 보리멸 튀김인 키스노텐푸라キスの天ぷら(545엔)를 요시오카에게 주라는 주문을 해버렸기 때문이다. 하지만 요시오카는 보리멸 튀김의 바삭함과 맛에 큰 만족감을 느끼고 화색이 돈다. 키스노텐푸라를 주문하면 가지튀김, 단호박튀김, 아스파라거스 튀김이 함께 나온다. 모두 맛있고 가격도 저렴해 만족감이 크다.

마구로낫토에는 참치회를 비롯해 낫토와 대파, 김 등이 들어가 있다. 옆자리 아저씨의 조언대로 잘 섞어서 간장을 살짝 두르고 먹으면 되는데 한국인에게 낫토 때문에 호불호가 갈리는 메뉴다. 드라마처럼 다루마는 떠들썩한 가게다. tv가 켜져 있는데 다 같이 노래를 부르기도 하는 등 자유분방한 가게이다. 시즌1 12화에서 요시오카와 케이코는 다루마에 다시 찾아온다.

한편 이곳은 '고독한 미식가' 시즌5 2화에서도 등장한다. 고로는 달걀, 베이컨, 시금치가 들어간 뽀빠이베이컨ポパイベーコン을 시작으로 입맛을 돋운다. 그리곤 꽁치 훈제회인 산마쿤세이사시サンマクンセイ刺, 고기와 야채를 끓인 니코미煮込み, 치즈가 듬뿍 올라간 오니온로루빵オニオンロールパン까지 즐긴다. 이렇게 먹으면서도 다른 손님이 시킨 새우그라탕에도 눈길을 빼앗긴다.

주소 東京都江東区三好2-17-9 전화 03-3643-2330 영업일 17:00-23:30(토요일은 쉼)
교통편 도쿄메트로東京メトロ 한조몬선半蔵門線 키요스미시라카와역清澄白河駅 B2출구 도보 3분

저렴한 술 한잔에 일본 서민의 이야기를 엿듣다!

야키토리 쇼짱

焼鳥しょうちゃん 2화

야마다 대신 팬더 옷을 입고 주택전시장에서 풍선을 들고 있어 짜증이 난 요시오카는 케이코 선배에게 카구라자카의 쇼짱을 소개 받는다. 밖에서 안이 보이지 않는 숯불 닭꼬치구이 가게에 자리 잡은 요시오카는 엉겁결에 삿포로 병맥주를 주문해 음미하고 두부 구이에 가까운 아츠아게厚揚げ(400엔)와 닭의 심장꼬치구이인 하츠ハツ 그리고 닭껍질 꼬치구이인 카와皮를 안주로 벗 삼는다. 아츠아게는 탱글한 구운두부에 생강을 조금 얹어 먹으면 된다. 가와는 전병처럼 고소하고 바삭하다. 가게는 매우 작아 아지트 같은 느낌이다. 밖에서 볼 때 문이 반투명해서 안의 모습이 보이지 않는다. 손님들은 대화 도중에 쇼짱에게 장난스레 시끄럽다는 욕을 먹기도 했다. 그리고 아버지뻘인 분이라 쇼짱이 아니라 쇼사마라고 불렀더니 모든 손님들이 박장대소했다. 대단히 좁은 가게에 'ㄷ' 자 카운터만 있는 쇼짱은 창업 32년이 되었다.
밖에서 내부 모습이 보이지 않으니 문을 열기 망설여졌기에, 왜 이렇게 만들었는지 마르고 날카롭게 생기신 67세의 주인 쇼짱에게 여쭤보니, 도리어 밖의 손님들이 안의 손님들을 엿보는 모습이 부담으로 다가올까봐 일부러 차단했다고 한다. 연세에 어울리지 않는 후드티를 입고 홀로 꼬치를 굽고 있는 쇼짱은 손님들과 끊임없이 대화했다.

주소 東京都新宿区若宮町16 전화 03-3235-5719 영업일 18:00-24:00(월요일, 화요일은 쉼) 교통편 JR 츄오소부선中央・総武線 이이다바시역飯田橋駅 서쪽 출구西口 도보 5분

아버지와 나이가 비슷한 쇼짱의 거친 입담! 그것이 안주로다!

호사카야

ほさかや

4화

뻔뻔한 야마다의 실수를 만회하러 간 요시오카는 일이 제대로 풀리지 않았지만 야마다를 달래기 위해 한 잔을 권한다. 하지만 현장에서 즉시 퇴근한 야마다 때문에 홀로 지유가오카 거리를 걷던 요시오카는 우연히 숯불에 굽는 장어 꼬치구이 호사카야를 발견하곤 기린의 이치방시보리 병맥주를 우선 한 모금 마신다. 옆 할아버지의 추천으로 장어의 간과 머리 부위 꼬치구이를 먹는다. 요시오카처럼 산초를 뿌려 먹어도 좋을 것이다. 뒤늦게 합류한 케이코는 장어 소금구이인 시오야키塩焼き, 양념이 들어간 카라쿠리からくり(1개 400엔)를 음미한다.

카라쿠리라는 꼬치구이의 이름은 장어를 둘둘 돌려 올려가며 꽂은 녀석으로, 부동명왕이 오른손에 들고 있는 용이 휘감긴 쿠리카라 검의 모양이 꼬치구이와 비슷한 것에서 유래했다고 한다. 소금구이는 케이코처럼 와사비에 찍어 먹으면 느끼한 맛을 중화시킬 수 있을 것이다. 창업은 무려 1950년이다. 현재는 1976년부터 가게를 이끌어온 3대 주인인 마츠오 유지 씨가 운영 중이다. 1, 2대 주인과는 재미나게도 혈연관계가 아니다. 호사카야에 장어를 납품하던 업자였는데 바쁠 때 도와주던 것이 연이 되어 3대째를 잇게 되었다고 한다.

주소 東京都目黒区自由が丘1-11-5 전화 03-3717-6538 영업일 11:30–14:00, 16:00–20:00(일요일, 둘째 주 월요일은 쉼) 교통편 토큐전철東急電鉄 토요코선東横線, 오이마치선大井町線 지유가오카역自由が丘駅 쇼멘출구正面口 도보 1분

장어!
용이 되다!

마루요시

まるよし

8화

요시오카 본인은 주말까지 출근해 피곤한데 정작 뺀뺀한 후배 녀석은 데이트를 한다며 먼저 퇴근해 화가 머리끝까지 난 요시오카. 낮부터 마실 수 있는 마루요시라는 가게에 들어서면서 기분이 부풀어 오른다. 요시오카는 가게 오리지널 술인 '마루요시 사와まるよしサワー(380엔)'와 캬베타마キャベ玉(370엔)를 주문한다.

캬베타마는 양배추를 볶다가 계란을 풀어 더 볶은 심플한 음식이다. 뒤늦게 온 케이코는 문어 꼬치구이인 타코쿠시たこ串를 즐긴다(아쉽게도 타코쿠시라는 메뉴는 실제론 없다). 우연히 여동생 요코와 요시오카의 후배 야마다를 만난 케이코. 요코는 내장 꼬치구이인 모츠야키もつ焼き(1개 70엔-130엔 사이, 종류 다양함)를 먹을 수 있어 행복해한다. 흥이 올랐는지 일본식된장 감자인 미소포테토味噌ポテト(6개, 300엔)까지 주문해 음미하는 요코. 이에 뺀뺀한 후배 야마다는 튀김 꼬치인 쿠시카츠串カツ(1개 230엔)를 카레 국물에 찍어 먹으면 엄청 맛있다며 주문한다. 그동안 선배인 요시오카에게 말하지 못했던 속내를 풀어놓은 야마다에 일행들은 모두 오해를 풀고 기뻐한다.

가게 벽이 메뉴와 사인으로 꽉 차 있다. 카운터석이 많아 1인 손님에게 안심이지만 손님들이 많을 때는 테이블석을 합석 시키는 가게다. 1952년 개업한 노포로 처음에는 어묵이나 건어물을 팔던 가게에서 술집으로 변신했다. 3대째인 오오바 미키오 씨가 운영 중이다.

주소 東京都北区赤羽1-2-4 전화 03-3901-8859 영업일 월-금 14:00-22:00 / 토 14:00-22:00(일요일, 공휴일은 쉼) 교통편 JR 케이힌토호쿠선京浜東北線, 쇼난신쥬쿠라인湘南新宿ライン, 사이쿄선埼京線, 우츠노미야선宇都宮線 아카바네역赤羽駅 동쪽 출구東口 도보 1분

마루요시!
마루데 요시!

쟈 그레토 바가

THE GREAT BURGER　　9화

요시오카와 야마다가 간 햄버거 중심의 디저트 가게다. 요시오카는 베이컨과 오믈렛과 팬케이크가 만난 판케키안도베이콘엑그PANCAKES AND BACON, EGGS ANY STYLE(1815엔)를 주문하고 야마다는 딸기, 블루베리, 바나나 등이 토핑된 판케키안도후렛슈후르츠PANCAKES AND FRESH FRUIT(1925엔)를 음미하며 행복해한다. 디저트라기보다 한 끼의 훌륭한 식사라며 야마다는 극찬한다.

주인공 두 명이 앉은 자리는 안드레아스 파이닝거라는 유명한 사진작가가 1953년 찍은 애리조나의 흑백 도로사진 액자가 걸린 창가 소파 자리였다.

2007년 오픈한 가게의 주인은 1년에 6번 정도 미국에 가서 맛있는 음식도 먹고 분위기도 느끼고 온다는 쿠루마타 아츠시 씨, 47세인 그는 80년대 백투더퓨처, ET같은 영화를 보고 미국이 좋아지기 시작했다고 한다.

21세에 도쿄로 와 카페에서 일했고 그렇게 경험을 쌓아 29세 때 이 가게를 오픈했다. 인테리어는 미국 남부의 캘리포니아를 떠오르게 하려고 힘썼다고 한다. 손님들이 들어섰을 때 비일상을 느끼고 가시길 원해서 미국 스타일에 힘썼다고 한다. 가게는 70~80년대 미국 음악이 흐르고 성조기도 곳곳에 걸려 있으며 미국의 공중전화기를 가져와 벽에 붙여 놨다. 20대 손님이 대부분인 가게로, 주말에는 엄청난 대기 행렬이 생긴다.

주소 東京都渋谷区神宮前6-12-5 전화 03-3406-1215 영업일 11:30-21:30(연중무휴) 교통편 도쿄메트로東京メトロ 치요다선千代田線, 후쿠토신선副都心線 메이지진구마에역明治神宮前駅 4번 출구 도보 6분

저렴하진 않지만
진정 대단한 디저트!

〔THE GREAT BURGER 제공〕

아카즈카

赤津加

10화

외국인 고객의 접대로 케이코에게 추천받은 아키하바라의 가게 아카즈카를 찾은 요시오카. 3인이 처음 주문한 메뉴는 생맥주에 어린 닭의 튀김인 와카도리노카라아게若鶏から揚げ(700엔). 이들은 모둠회인 사시미모리아와세刺身盛り合わせ(2250엔), 가지와 새우 애호박 등이 들어간 모둠 튀김인 텐푸라모리아와세天ぷら盛り合わせ(1350엔)까지 즐긴다. 이도 부족한지 계란말이인 다시마키타마고だし巻き卵(980엔)와 붕장어 소금구이인 아나고시라야키穴子白焼き(900엔), 거기에 오뎅까지 먹어치운다.

오타쿠들의 성지인 아키하바라 옆 골목에 비켜서 있는 1954년 창업의 이 가게는 니코미, 회, 튀김, 전골, 구이 요리가 주요 메뉴다. 2대 주인인 아카즈카 쥰코 할머니의 손자, 3대 주인인 미츠오 씨가 뒤를 잇고 있다. 초대 주인장은 아카즈카 쥰코 할머니의 여동생이었는데 가게를 연 지 3년 만에 돌아가셔서 2대 주인이 가게를 맡게 됐다.

창업 당시에 주인은, 이런 마니악한 장소의 한 가운데에 가게가 있게 될 것이라고 상상이나 했을까? 옛날 분위기의 술집에서 메이드카페를 홍보하는 여자 아이 목소리와 전자 비트가 들려오니 말이다. 현재의 주인은 그저 할머니의 맛을 잘 지켜나가서 가게가 80년, 100년까지 갔으면 좋겠다는 바람을 드러냈다.

주소 東京都千代田区外神田1-10-2 전화 03-3251-2585 영업일 월-금 11:30-13:30, 17:00-22:00 / 토요일 17:00-21:00(일요일, 공휴일은 쉼) 교통편 JR 소부선総武線, 케이힌토호쿠선京浜東北線, 야마노테선山手線 아키하바라역秋葉原駅 덴키가이출구電気街口 도보 3분

오타쿠들의 중심에서 스시와 텐푸라를….

〔아카즈카 제공〕

たかが焼鳥、
されど・・・・
登録商標
博多
か
屋
とりかわ
TOKYO

『나를 위한 한 끼 ~포상밥~』 속 그곳은…!

ごほうびごはん

나가노에서 도쿄로 와, 문구회사의 물류관리팀에서 재직하고 있는 1년 차 직장인 여성 이케다 사키코. 같이 입사한 동기보다 일을 잘하고 싶지만 뭔가 허둥지둥 일이 잘 풀리지 않아 얼굴이 좋지 않다. 무표정의 아오야기주임은 항상 일만 부여한다. 그러나 이 시간만 오면 갑자기 얼굴에 화색이 돌기 시작하는데. 그것은 바로 일을 마치고 야식을 먹을 때다. 열심히 일한 당신! 먹어라! 드라마의 주제다.

우마미바가 아오야마점

UMAMI BURGER 青山店 1화

사키코가 야근을 마치고 동기인 카에데를 우연히 만나 햄버거와 생맥주를 즐긴 버거집이다. 먹는 것에 진심은 이 두 여성은 이후 밥친구가 된다. 사키코는 아루티멧토베이콘바가アルティメットベーコンバーガー(1848엔), 카에데는 비간바가ビーガンバーガー(1628엔)를 먹는다. 비간바가에는 미소머스타드소스, 피클, 케첩, 토마토, 양파, 마요네즈, 양상추, 비건 패티 등이 들어간다. 아루티멧토베이콘바가에는 아메리칸 치즈, 소테어니언, 크리스피 베이컨, 바베큐소스, 피클, 토마토, 양상추, 소고기 패티가 들어있다. 드라마를 보고 왔다고 하면 주인공들이 앉았던 자리로 안내해준다. 패티의 굽는 정도를 먼저 물어보니 미리 생각해놓자. 번에 우마미버거의 앞글자인 u자를 크게 찍어놓은 것이 재밌다. 버거는 음료와의 세트 메뉴로는 판매하지 않아 손님들의 원성을 사고 있다. 버거의 가격은 비교적 높은 편이다. 탄산음료 이외에 맥주, 커피, 밀크쉐이크 등이 있으니 함께 곁들이면 좋을 듯하다.

우마미버거는 포르토휘노 쇼핑콤플렉스에 위치한 버거집이다. 가게는 비싼 땅값을 자랑하는 아오야마임에도 매장이 매우 넓다. 우마미버거는 재미나게도 2009년 미국 로스앤젤레스에서 미국인이 첫 번째 점포를 개업한 이후 일본으로 건너오게 된 체인점이다. 미국 타임지가 선정한 사상 최고의 영향력 있는 17개 버거에 하나로 뽑히기도 했다.

주소 東京都港区北青山3-15-5 전화 03-6452-6951 영업일 11:00-22:00 교통편 도쿄메트로東京メトロ 한조몬선半蔵門線 오모테산도역表参道駅 A1, B2 출구 도보 3분

세련된 아오먀아 쇼핑몰에서
미식버거에 빠지다.

하카타카와야 스이도바시점

博多かわ屋 水道橋店 2화

일이 끝났지만 주임에게 혼이 나서 의기소침한 사키코. 맛있는 밥을 먹고 힘내자 다짐한 사키코는 고소한 냄새에 이끌려 가게로 들어가려 한다. 하지만 카운터석에 아오야기 주임이 손짓하는 것을 보고 도망치려다가 결국엔 가게로 들어선다. 주임과 사키코는 모둠꼬치焼き鳥5本盛り合わせ(5개 850엔)와 카와야키かわ焼き(닭 껍질구이, 1개 187엔), 그리고 시기야키しぎ焼き(닭가슴살 꼬치구이, 1개 198엔)를 음미한다.

사키코의 설명처럼 직접 굽는 걸 볼 수 있어서 보는 눈이 즐겁다. 꼬치에서 살점들을 빼려는 사키코에게 주임은 꼬치를 꽂는 행위에 점원들의 장인정신이 들어있다며 먹고 싶으면 들고 다 먹으라며 사키코에게 권유한다. 사키코는 닭꼬치를 먹으며 감탄사를 연발하고 사키코가 잘 먹는 모습을 보고 로봇 주임은 활짝 웃는다. 그리고 이 집의 카와야키 제조법도 일장연설한다.

가게 주인은 17년간 음식 업계의 영업사원으로 일하던 쿠보 노리아키 씨다. 쿠보 씨는 드라마에도 직접 등장했다. 가게로 들어서는 문에 그 드라마 포스터가 큼지막하게 붙어 있다. 가게 벽면에는 복고풍 술 광고 포스터가 눈길을 끈다. 일본 술, 소주, 와인, 칵테일, 맥주 등이 다 있는 점과 카운터석이 반갑다.

주소 東京都千代田区神田三崎町3-2-10 寺西ビル 1F 전화 050–5456–6898 영업일 16:00–23:30(부정기적 휴무) 교통편 JR 츄오소부선中央·総武線 스이도바시역水道橋駅 서쪽 출구西口 도보 4분

직장인들의 한잔 술 푸념과 꼬치구이!

오카메 횻토코점

おかめ ひょっとこ店 3화

지각한 데다 일은 산더미처럼 쌓여있는 사키코는 실수로 회의 시간 알림을 놓쳐 상사로부터 큰 꾸지람을 듣는다. 그런 불쌍한 사키코를 위로하기 위해 동기인 카에데가 꼭 가고 싶었다며 데리고 간 가게가 몬쟈 오카메 횻토코점. 사키코와 카에데는 몬쟈야키 파는 가게만 70곳이라는 츠키시마月島 몬자야키 거리를 걸으며 몬쟈야키에 대한 이야기를 나눈다. 그러는 사이 단골인 카에데는 항상 먹는 메뉴를 주문한다. 그것은 명란, 떡, 치즈가 주메뉴로 들어간 녀석인 모치멘타이치즈もち明太チーズ(1600엔)였다.

카에데의 설명을 명심하자. 명란은 바깥에 두고 나머지 재료를 볶는데, 국물은 넣지 않는다. 그리고 양배추를 잘게 부스기 위해 평평한 주걱으로 마구 잘라주고 건더기를 가운데에 비게 한 뒤 명란을 투여한다. 그리고 국물을 붓고 또다시 마구 섞어 둥그렇게 편 뒤 치즈를 토핑하면 된다. 주인공들은 생맥주를 주문해 느끼한 맛을 시원하게 중화시킨다. 다소 취한 카에데는 오징어, 소고기가 매콤한 일본식 된장 미소와 섞여 들어간 쟌ジャン(1200엔)을 한 그릇 더 추가 주문한다.

드라마 주인공이 앉은 자리는 11번 테이블이다. 손님 한 명당 구이 메뉴를 한 개 이상 주문해야 한다. 자리는 4인석과 2인석이 있다. 주요메뉴는 몬자야키를 비롯해 오코노미야키와 철판구이다.

주소 東京都中央区月島3-8-10 전화 050-5571-2603 영업일 10:30-15:00, 17:00-22:00(월요일은 쉼) 교통편 도쿄메트로東京メトロ 유라쿠쵸선有楽町線 츠키시마역月島駅 7번 출구 도보 5분

몬쟈스트리트에서 몬쟈 스트레이트!

다이와

ダイワ　　3화

사키코를 혼내던 부장이 몰래 먹으려던 샌드위치는 다이와ダイワ의 과일샌드위치인 후르츠산도フルーツサンド다. 과일샌드위치를 들키고만 상사는 함께 먹을 것을 권하는데, 상사는 샤인머스캣이 들어간 샌드위치를 먹고 사키코는 망고가 들어간 샌드위치를 먹으며 서로 마음의 문을 연다.
아이치현 오카자키시 다이와의 후르츠산도는 도쿄에선 유일하게 나카메구로中目黒에 있다. 그것도 벚꽃이 피면 기가 막힌 풍경을 자랑하는 하천의 다리 바로 옆에 위치해 있다. 아이치현 오카자키시 어느 야채상의 사장이 사입한 과일로 과일샌드위치를 만들어 팔았는데 대박이 나면서 2020년에 도쿄에 상륙한 것이다.
냉장 유리 쇼케이스에는 파인애플, 귤, 복숭아, 메론, 딸기, 무화과, 바나나, 키위 등을 넣은 후르츠산도가 꽉꽉 들어차 있다. 과일마다 제철이 있어 판매하는 종류가 달라질 수 있으니 특정 샌드위치가 먹고 싶다면 유의해야 한다. 폭신한 빵에 달달한 과일과 생크림이 들어가 있으니 맛은 설명할 필요도 없이 달콤하다.
과일샌드위치를 감싸는 비닐에는 다이와의 마크인 '다ダ' 자가 가타가나로 쓰인 것이 특징이다.

주소 東京都目黒区上目黒1-13-6 영업일 10:00–20:00(연중무휴) 교통편 도쿄메트로東京メトロ 히비야선日比谷線 나카메구로역中目黒駅 서쪽 출구西口 도보 3분

벚꽃 휘날리는 나카메구로 강 바로 옆, 과일샌드위치!

타이완 아큐멘칸

台湾 阿Q麵館 4화

도깨비 빵을 먹으며 오늘 밥은 지금까지 먹어본 적이 없는 음식에 도전해보기로 한 사키코는 타이완요리 전문점을 찾아와 쇼롱포小籠包와 맥주를 주문한다. 맛있게 음미한 사키코는 옆자리에서 센과 치히로의 행방불명에서 센의 부모가 먹다가 돼지가 된 음식이 바완バーワン(680엔)이라는 소리를 듣고 급히 주문해 먹는다. 참고로 바완의 피는 고구마전분으로 만들고 안에는 돼지고기, 죽순, 표고버섯 등의 소가 들어간다. 본래 경사스런 날에 먹는 음식인데 현재는 대만의 길거리 음식으로 유명하다. 만두랑 비슷한 녀석인데 걸쭉한 매콤달콤 양념에 반쯤 잠겨 나온다. 이 가게의 음식에 흠뻑 빠진 사키코는 주인장의 추천을 받아 대만의 아침식사로 잘 먹는다는 전병 느낌의 탄핑蛋餅(580엔), 달달한 망고맛 타이완맥주台湾ビール(580엔), 브로콜리와 완숙계란 그리고 다진 고기 덮밥이라 할 수 있는 루로한ルーローハン(580엔)을 차례차례 정복한다. 사키코의 먹는 모습에 감동한 주인장이 서비스로 제공한 후식은 두부로 만든 대만 디저트인 토우하豆花다.

이 가게는 대만 사람인 레이켄 씨가 운영 중으로 음식재료를 대만에서 공수해오고 있다. 대만에서 40년 이상 영업한 포장마차 요리점을 2014년 딸 레이켄 씨가 도쿄에 지점 오픈시킨 것이다. 가게 안 오른편으로 식권판매기가 있고, TV는 대만 프로그램을 수신해 보여주고 있다. 대만에 가지 않고도 대만 오리지널 음식을 도쿄에서 맛볼 수 있어 행복했다.

주소 東京都江東区東砂7-10-12 전화 080-4341-0066 영업일 11:00-14:00, 17:30-22:00(월요일은 쉼) 교통편 도쿄메트로東京メトロ 토자이선東西線 미나미스나마치역南砂町駅 2A 출구 도보 12분

대만에게 자유를!
당신의 입에도 자유를!

미요시야

三好弥 8화

이소가이는 자신도 모르게 발길이 가는 가게가 있다. 바로 미요시야. 그곳에서 이소가이는 음식전단지를 보던 사키코와 우연히 만난다. 사키코와 이소가이 모두 나고야의 명물인 미소카츠정식 味噌カツ定食(1550엔)을 주문해 음미한다.

이 정식에는 된장국에 당근, 오이, 단무지 등이 들어간 반찬이 곁들여 나온다. 옥색 그릇에 돈카츠와 마카로니 그리고 채 썬 양배추까지 곁들여 함께 나온다. 주인공처럼 미소카츠에 와사비나 고춧가루를 곁들여 음미해보는 것도 좋은 경험이 될 듯하다.

느끼하다 싶으면 슬라이스 된 레몬을 즙을 내 뿌려 먹으면 될 터다. 이곳의 돼지고기는 돼지고기 생산량 1, 2위를 다투는 치바현 아사히시의 돼지고기를 사용한다. 이는 고독한 미식가 시즌 10 11화에서 고로와 아사히 시청 여직원의 대화에서도 등장하는 사실이다.

아사쿠사 중심지에서 북쪽으로 살짝 벗어난 센조쿠도리상점가 千束通り商店街에 위치한 미요시야는 아버지인 2대 점주 83세의 사사키 코우이치로 씨와 아들인 3대 점주인 54세의 사사키 히로시 씨가 운영하고 있다. 1935년 창업한 가족 경영의 가게답게 가족들의 일상이 담긴 사진들이 놓여 있기도 하다.

주소 東京都台東区浅草3-17-5 전화 03-3874-2250 영업일 11:30-14:30, 17:00-23:00(토, 일, 국경일 21:30까지 영업) (부정기적 휴무) 교통편 도쿄메트로東京メトロ 긴자선 銀座線 아사쿠사역浅草駅 3번 출구 도보 13분

친절한 부자의 진실된 한 그릇!

츠바키테이

ツバキ亭 9화

사키코가 신입사원 채용 관련한 자료를 무사히 잘 만들고 동료 카에데와 함께 저녁에 찾아온 가게 츠바키테이. 사키코는 전설이 있다는 특제소스(토마토와 레몬 사용)에 육즙까지 가득해 고기를 먹은 듯해서 파워가 생긴다는 수제 함바그스테키ハンバーグステーキ(런치메뉴 980엔)를, 카에데는 오무라이스オムライス(디너메뉴, 1100엔)를 주문해 즐긴다. 함바그스테키에는 양배추샐러드와 반숙 계란, 스파게티 면이 함께 나온다. 오무라이스는 케첩과 함께 특제 데미그라스 소스가 함께 나온다. 참고로 오무라이스는 저녁에만 주문 가능한 메뉴다. 극 중 사장은 사키코에게 포도아이스크림인 아카부도노샤벳토赤ぶどうシャーベット(디너메뉴, 500엔)를 서비스하기도 했다.
사키코가 먹은 함바그스테키는 A 런치에 포진해 있는 녀석이다.
츠바키테이는 2015년 개업했다. 오너 셰프의 부인은 무려 그라비아모델 출신의 연예인인 나츠카와 쥰이다. 가게 초창기에는 유명 연예인인 주인의 아내가 길거리에서 전단을 돌리거나 서빙을 하거나 카운터에서 계산을 했는데, 카운터 일을 할 때는 계산을 틀려서 허둥대기 일쑤였다고 한다.
카운터석 네 자리가 있어 혼자여도 부담이 없다. 이전하고 얼마 지나지 않아서인지 특별한 내부 인테리어나 소품은 보이지 않는다.

주소 東京都杉並区上荻1-4-10 サンハイツ 2F 전화 050-5600-1204 영업일 월-토 11:00-15:00, 17:00-22:00 / 일요일 11:00-15:00(연중무휴) 교통편 JR 츄오소부선中央·総武線 오기쿠보역荻窪駅 북쪽 출구北口 도보 2분

주인장의 사모가 그라비아 아이돌! 반칙이야!

SAND

『짝사랑 미식가 일기』 속 그곳은…!

片恋グルメ日記

만화 출판사 편집부에 근무하는 33세 여성 직장인 마도카는 백마탄 왕자님을 기다리며 만화같은 사랑을 꿈꾼다. 그러던 중 영업부의 미남사원 야츠카도 나오야가 규동을 먹는 모습을 훔쳐보며 짝사랑에 빠지게 된다. 그러면서 식사 스토킹이 시작된다. 짝사랑하는 사람이 먹었던 음식을 먹으며 그를 생각하는 식사 스토킹! 아니 사랑의 미식 순례 말이다.

메시야 이치젠

めしや一膳 3화

길을 지나다 우연히 가게에서 나오는 짝사랑남과 마주한 마도카. 짝사랑남이 여기 정식이 맛있다며 추천을 하려는 찰나, 구미호같은 후배 에나가 등장해 대화가 끊기고 만다. 다행히 회사로 돌아가 에나와 대화하는 도중 짝사랑남이 먹은 음식이 고등어를 일본식 된장인 미소에 조린 사바미소정식이었다는 사실을 알게 된다. 그리곤 짝사랑남을 느끼러 가게로 들어서 사바노미소니정식鯖味の噌煮定食(770엔)을 시켜먹는다.

이 정식에는 미소국과 나물반찬 하나만 같이 나온다. 미소에 조린 따끈따끈한 고등어 반찬이라 밥이 꿀떡꿀떡 잘도 넘어간다. 그 외에 메뉴로는 회정식, 고등어소금구이정식, 멘치카츠정식, 믹스후라이정식, 닭고기조림우동 등이 있다.

이 가게는 주인 부부가 단둘이 운영하는 가게라 음식이 천천히 나온다. 60대 주인아저씨가 음식을 만들고 부인이 서빙을 담당하는데 주문을 받을 때 시간이 걸리니 이해해달라는 멘트를 하신다.

가게는 테이블석과 카운터석이 있는데 카운터석은 정리가 되지 않아 필자처럼 혼자 온 사람이 앉을 수 없는 단점이 눈에 들어왔다. 가뜩이나 가게가 좁은데 아쉽다. 가게 밖을 나무발로 감싸서 안을 볼 수 없는 점도 아쉽다.

주소 東京都杉並区阿佐谷南2-12-1 전화 03-3315-7677 영업일 11:30-14:00, 17:30-23:00(화요일은 쉼) 교통편 JR 츄오소부선中央·総武線 아사가야역阿佐ヶ谷駅 동쪽 출구 도보 4분

고등어야! 미안하다! 단지 널 맛있어하고 있어!

카루데

珈瑠で 4화

짝사랑남의 떨어진 수첩을 찾아주게 된 계단에서 용기 내어 추천메뉴가 있냐고 물어본 마도카는 짝사랑남이 자주 먹는다는 나포리탄ナポリタン(800엔)과 브렌도코히ブレンドコーヒー(500엔)를 먹으러 간다. 이곳이 바로 카루데다. 브렌도코히를 제조하는 기구를 보며 재밌어하는 마도카.

실제로도 불을 붙여 사이폰식 커피메이커로 증기압을 이용해 추출해낸다. 마도카가 그랬듯 신기한 커피 추출 기구만 봐도 실험실에 온 듯 재미가 배가 된다. 사이폰식 커피는 1800년대 유럽에서 먼저 시작되었다가 일본에도 다이쇼시대(1912년-1926년)에 건너온 오래된 방식이다.

마도카가 즐긴 나포리탄이란 음식은 토마토 스파게티 비슷한 맛을 내지만 일본에서 개량한 독자적 음식이다. 참고로 이 이 가게는 9화에서 마도카가 짝사랑남에게 용기내어 고백하는 씬에 재차 등장한다. 카루데는 개업한 지 48년이 되었다. 마도카에게 주문받는 씬부터 실제 이 카페의 72세 주인장 호리이 토시히로 씨가 직접 출연했다. 주인장은 오테마치의 한 찻집에서 아르바이트를 하다가 매력에 빠져 결국 찻집을 개업했다고 한다. 카루데는 에티오피아의 양을 치는 목동의 이름에서 지었다고 한다. 이 가게에서 가장 기쁜 건 벽에 '짝사랑 미식가 일기' 드라마 대형 포스터와 촬영지가 된 가게들의 공식 지도까지 벽에 붙여 놓았다는 점이다.

주소 東京都新宿区津久戸町3-17 전화 03-3269-8424 영업일 09:30-20:00(일요일, 국경일은 쉼) 교통편 토에이지하철都営地下鉄 오에도선大江戸線 이이다바시역飯田橋駅 c1 출구 도보 3분

나포리탄 폭탄 투하!
양이 만만치 않다!

시마다 카훼

Shimada Café

6화

사랑의 방해꾼인 호시라는 녀석이 짝사랑남과의 통화를 들려줘 알게 된 카페다. 그녀는 바로 소힘줄스튜오무라이스인 규스지시츄오무라이스牛すじシチュー オムライス(1540엔)를 주문해 음미하며 감탄사를 연발한다. 소힘줄 스튜와 오무라이스의 콜라보레이션이 빛나는 소힘줄스튜오무라이스는 비교적 고가이지만 그만큼의 맛을 한다. 12시에서 2시 사이의 런치 타임에 방문하면 드링크 한 잔이 무료다.

시마다 카페의 간판 메뉴는 2일에 걸쳐 만들어낸다는 프렌치토스트다. 겉은 바삭하고 속은 푸딩처럼 탱글탱글한 식감이 일품이라고 한다. 토스트 이외에는 피자나 파스타가 주력 메뉴다. 카구라자카에서 살짝 작은 골목으로 벗어나 조용한 곳에 자리한 이 가게의 인테리어는 유럽의 주택을 이미지화했다고 한다. 예쁜 언덕길인 카구라자카를 걷는 것만으로도 찾아가는 것이 즐겁다. 3층에 위치한 시마다 카페는 낮에는 카페, 밤에는 바 느낌으로 운영 중에 있다.

엘리베이터를 타고 가면 전실 없이 바로 가게가 등장하고 직원들의 인사소리가 들린다. 처음 오는 사람에게도 밖에서 가게의 모습을 천천히 살필 수 있는 여유를 주지 않는다. 내부 벽은 일부 노출콘크리트 구조이다.

주소 東京都新宿区神楽坂3-6 神楽坂3丁目テラス 3F 전화 050–5869–2906 영업일 화–토 11:00–22:00 / 일, 국경일 11:00–21:00(월요일은 쉼) 교통편 도쿄메트로東京メトロ 토자이선東西線, 유라쿠쵸선有楽町線, 난보쿠선南北線 이이다바시역飯田橋駅 B3 출구 도보 3분

고즈넉한 카구라카자에서
소힘줄의 파워를….

바이카엔

梅香苑 7화

회사 창가에 앉아 짝사랑남과 즐겁게 대화를 하던 마도카. 갑자기 나타난 사랑의 방해꾼 호시 녀석. 좋고 싫음이 확실해서 호이코로를 먹으러 갔을 때 짝사랑남이 피망을 안 먹었다는 호시의 증언을 듣고 마도카는 짝사랑남이 먹은 음식을 알게 된다. 그리하여 마도카는 바이카엔으로 찾아가 짝사랑남이 추천한 피망과 양배추를 고기와 볶은 호이코로 정식回鍋肉, ホイコーロー을 주문해 음미한다. 마도카는 호이코로 정식을 받아들고 거친 숨을 내뱉는다.

호이코로는 중국식 제육볶음으로 돼지고기에 피망, 양배추, 마늘, 양파 등에 간장과 식초로 간을 해 볶은 요리다. 한문을 풀이하면 솥으로 돌아오는 고기라는 뜻으로 중국에서 제사에 쓰고 남은 고기를 다시 요리해먹으면서 생긴 것이라고 한다. 이곳의 호이코로 단품은 950엔, 정식은 170엔이 가산된다. 테이크아웃 호이코로 도시락은 700엔 정도로 저렴하다. 점심식사 후에 커피를 주는 점이 반갑다.

중국집다운 인테리어가 돋보이는 바이코엔은 1976년 개업한 가게로 내부는 넓고 깔끔하다. 1인석이 없기 때문에 합석해야 한다. 일본드라마를 좀 봤다는 사람은 이름은 몰라도 얼굴은 누구나 다 알만한 코믹 개성파 배우 누쿠미즈 요우이치温水洋一 씨가 무명시절인 10대 때 이곳에서 아르바이트를 했었다는 신문기사가 가게에 붙어 있다.

주소 東京都新宿区若松町11-3 전화 03-3203-8435 영업일 11:00-15:00, 17:00-21:30(토, 일, 국경일 저녁시간은 17:00-21:00) 연중무휴 교통편 토에이지하철都営地下鉄 오에도선大江戸線 와카마츠카와다역若松河田駅 카와다출구河田口 도보 10초

중국식 단짝 제육볶음에 이견 있습니까?

산도

SAND

8화

길거리에서 짝사랑남과 사랑의 방해꾼을 한꺼번에 만난 마도카는 대화 도중 호시로부터 짝사랑남이 데미카츠デミカツ(900엔)를 먹었다는 것을 듣게 된다. 그리고 마침 짝사랑남도 적극적으로 데미카츠 가게를 알려준다. 마도카는 산도라는 가게를 찾아가 짝사랑남이 추천한 데미그라스 소스를 얹은 돈카츠인 데미카츠를 먹으며 감탄사를 연발하고 또 상상의 나래를 편다.
가게에서 데미카츠를 주문하면 주인장이 드라마를 보고 왔느냐고 물어본다. 그리고 기념품으로 제작사로부터 받은 드라마의 실제 대본도 구경하라고 내어준다. 주인의 성이 카이즈카다보니 단골손님들은 조개 씨라고 부르는 모양이다.
그린키마카레, 고기야채볶음밥, 돼지고기 생강구이, 루로한, 마파두부, 연어소금구이, 함바그, 곱창야채볶음, 타코라이스, 돈카츠샌드위치 등 런치 메뉴가 대부분 1000엔 아래이다. 밤에는 근사한 식당 겸 술집으로 변신한다. 확실히 낮보다 저녁 분위기가 더 근사한 가게다. 2개월에 한 번 정도는 일요일에 작은 영화관이 되어 손님들과 영화를 감상하는 이벤트를 열고 있다.

주소 東京都中野区野方5-25-1 ツインビル 1F SAND 전화 03-6318-0861 영업일 12:00-15:00, 18:00-24:00(일요일, 첫째 주 월요일은 쉼) 교통편 세이부철도西武鉄道 신쥬쿠선新宿線 노가타역野方駅 남쪽 출구南口 도보 4분

데미그라스 소스가 돈카츠와 이렇게 어울리다니!

〔sand 카이즈카 제공〕

다오타이

ダオタイ 9화

짝사랑남과의 술자리에서 짝사랑남이 추천해준 가게를 잊지 않았던 마도카는 다오타이에 찾아와 그가 먹었던 메뉴를 음미한다. 그것은 닭고기와 자스민라이스가 나오는 카오만가이カオマンガイ(런치세트 850엔)다. 타오치오라는 양념이 함께 나오는데 여기에 닭고기를 찍어먹으면 된다. 자스민라이스는 닭고기스프로 밥을 한 것이라고.

이곳은 50종의 태국요리를 즐길 수 있는 전문점이다.

참고로 이곳은 남성 응모자와 맛집에서 데이트한 내용을 기사로 쓰는 프리랜서 작가의 이야기를 다룬 '여자구애의 밥女くどき飯' 이라는 드라마의 시즌2 5화에서도 맛집으로 등장한 음식점이다. 이 드라마에서 주인공 둘은 싱하맥주를 시작으로 파파야 샐러드인 소무타무, 에비빵, 에비노사츠마아게, 사카나노사츠마아게, 똠양꿍 라멘, 타르트, 타피오카 코코넛 밀크 등을 음미하며 데이트를 즐겼다.

가게 내 · 외부가 엄청 컬러풀하고 화려해 적어도 어르신들은 찾을 것 같지 않은 생김새다. 태국의 어느 포장마차를 연상시키겠다는 콘셉트를 목표로 하는 가게다. 메인 요리에 샐러드와 스프가 붙어 나오는 런치 세트가 850엔이니 비교적 저렴하게 태국요리를 맛볼 수 있어 좋다. 태국음식 특성상 고수가 들어간 음식이 꽤 있으니 고수를 못 먹는다면 사전에 빼달라고 부탁하자. 맵기 정도도 메뉴에 잘 나와 있어 조절을 부탁하면 된다.

주소 東京都杉並区阿佐谷南3-37-6 ミヤコビル 1F 전화 050-5868-7538 영업일 월, 수, 목, 금 17:00-23:00 / 토, 일 12:00-14:30, 17:00-23:00(화요일은 쉼) 교통편 JR 츄오소부선中央・総武線 아사가야역阿佐ケ谷駅 남쪽 출구南口 도보 3분

이곳은 도쿄인가? 태국인가?

8807

『찻집을 사랑해서』 속 그곳은…!

純喫茶に恋をして

출판사의 독촉전화가 오지만 만화에 대한 아이디어가 떠오르지 않아 화가 난 채, 거리를 거니는 27세의 젊은 만화가 준페이. 그는 거리에서 도쿄의 다양한 찻집을 돌며 온갖 차와 디저트, 그리고 음식을 맛보고 만화에 대한 많은 아이디어를 얻게 된다. 먹는 것뿐 아니라 그 찻집의 다양한 손님들의 행태를 관찰하며 많은 소재를 얻으려 애쓴다. 그의 찻집 치유를 따라가보자.

기온

gion

2화

미혼인 데다가 출판사로부터 혼이나 나는 자신의 신세를 한탄하며 길을 걷고 있던 준페이. 그는 미녀 점원에게 시선을 빼앗겨 가게로 홀린 듯 들어간다. 그곳에서 저렴하게 추가할 수 있는 모닝구토스토셋토モーニングトーストセット와 아이스커피인 아이스코히アイスコーヒー를 주문해 음미한다.

아침 08:30분부터 12시까지 운영하는 모닝구 토스토셋토는 음료수를 주문할 경우에 한해 단 100엔만 추가해서 먹을 수 있는 메뉴다. 두툼한 삼각 토스트 2장과 삶은 달걀 1개, 샐러드로 구성된 모닝구 토스트세트는 여러모로 고마운 메뉴다. 손님들이 없는 틈을 타 미녀 점원들이 맛있게 먹었던 메뉴는 피자(780엔)와 참치토스트인 츠나토스토ツナトースト(700엔)다.

드라마상에서 미녀 점원에 홀려 주인공이 들어가는 설정이 있는데 실제로도 미녀 점원이 있다. 서빙을 담당하는 20대 초반의 양갈래 머리 아가씨가 그렇다.

가게 안에선 카펜터스의 잔잔한 팝송 'CLOSE TO YOU'가 조용히 흘러 내 마음을 적셨다, 주인장 세키구치 모토요시 씨는 나이 지긋한 아저씨이지만 가게 인테리어를 직접 고안했다. 각 테이블에는 형형색색 스테인드글라스를 활용한 전등이 있어 인상적이다.

1980년 개업한 오래된 찻집이다. 일본여가수 카네코 아야노의 노래 'さょーならあなた'의 뮤직비디오에 상당한 시간 배경으로 등장했고 '방과 후 소다'라는 드라마에도 배경지로 등장했다.

주소 東京都杉並区阿佐谷北1-3-3 전화 03-3338-4381 영업일 09:00-22:00(연중무휴) 교통편 JR 츄오소부선中央·総武線 아사가야역阿佐ケ谷駅 북쪽 출구北口 도보 1분

여직원들의 복장부터 특이한 치유의 카페

카페 토쥬르 데뷰테

Cafe Toujours Debute 4화

악역을 제대로 그리지 못한다는 출판사의 말에 괴로워하던 중, 카페를 악역같이 수상하게 들어가는 아저씨를 따라 들어간 준페이는 커피에 달달한 크림과 술이 들어간 브란에노와루ブランエノワール(950엔)를 주문한다. 카운터석에서 앉아 준페이의 시선을 끈 미녀의 메뉴는 카레 맛이 나는 미니산도잇치(350엔)와 오레그랏세オ・レ・グラッセ(700엔)라는 음료다. 미니산도잇치에는 토마토, 양상추, 양파, 참치, 건포도 등이 들어가 있다. 오레그랏세는 유리 마티니 잔에 나오는데 아래에 우유가 있고 위에 커피층이 올라간다. 주인은 섞어서 먹지 말라고 설명한다. 섞어먹으면 카페오레나 카페라떼와 다를 바가 없을 것이다.

드라마에서 미녀는 아버지가 찾아오자 단호박푸딩인 카보챠노푸링カボチャのプリン(500엔) 등을 추가 주문해 음미했다.

찻집이라기보다 조명이 어둡고 재즈음악이 흘러 바(bar) 느낌이 강한 이 가게의 이름은 프랑스어로 '언제나 시작되다'라는 뜻이다. 카운터 안쪽 할아버지 주인장의 뒤 찻장에는 여러 그릇과 잔이 가지런히 놓여 있다. 1986년 오픈해 현재까지 노부부가 운영 중이다.

1층의 빨간 캐노피 아래 커피 주전자 모양의 간판이 달려 있어 귀엽다. 계단을 내려간 지하에 있어 더 아지트 같은 느낌을 준다. 가게는 재즈음악이 흐르며 매우 조용한 편이라 수다에는 적당하지 않다. 흡연 가능한 점이 아쉽다.

주소 東京都品川区東五反田5-27-12 扇寿ビル B1F 전화 03-3449-5491 영업일 월-금 12:00-22:00 / 토, 일, 국경일 12:00-18:00(부정기적 휴무) 교통편 JR 야마노테선山手線 고탄다역五反田駅 동쪽 출구東口 도보 4분

노부부의 지하 아지트! 분위기에 취하다.

카도

カド 5화

신인만화대상에서 낙선한 준페이는 실소를 머금으며 거리를 걷다가 촌스런 외관의 카페로 들어선다. 내부는 중세 서양화와 오래된 괘종시계, 재봉틀 같은 앤티크와 소품들로 가득 차 있다. 준페이는 따듯한 오렌지음료인 홋또오렌지ホットオレンジ(500엔), 가지가 들어간 모차렐라샌드위치인 나스모짜레라산도ナスモッツァレラサンド(400엔)를 즐긴다. 샌드위치의 빵은 견과류와 블루베리가 조금 들어가 있는 것이 특징. 준페이의 시선을 끈 옆자리 미녀가 즐긴 메뉴는 코롯케가 들어간 샌드위치인 코롯케산도コロッケサンド(550엔)였다.

현재 53세 남자 주인은 2대째로, 돌아가신 아버지로부터 물려받아 운영 중이다. 무려 1958년 개업한 찻집이다. 가게 내부 엄청난 수의 서양 유화들은 현재 주인장의 아버지가 모은 그림들이다. 주인장의 말에 의하면 레플리카지만 말이다.

주인장은 모자하며 옷이며 마치 1800년대 유럽 어딘가에서 튀어나온 화가와 같은 복장을 하고 있다. 현재 가게 2층에서 산다고 하는데 본인 건물은 아니라고 한다. 주인장은 천천히 보고 편하게 사진을 찍으라고 말해줬다. 카운터석 가장 오른편으론 주인아저씨가 만든 견과류 빵이 올려 있다. 가게 이름의 뜻이 모퉁이인데 실제로 교차로의 모퉁이에 위치해 있다.

벽에 걸린 그림들은 1년마다 다른 그림으로 교체하고 천장에 달린 그림은 하나를 교체하는 데 일주일이 걸려 힘들기 때문에 10년에 한 번 교체한다고 한다. 찻집이 아니라 서양미술관에 온 착각이 들 정도다.

주소 東京都墨田区向島2-9-9 전화 03-3622-8247 영업일 11:00-21:00(월요일은 쉼)
교통편 토에이지하철都営地下鉄 신쥬쿠선新宿線 혼죠아즈마바시역本所吾妻駅 A4 출구 도보 15분

고스트 버스터즈의
그림 귀신들이
튀어나올 듯한 카페!

후루후 데 세종

Fruits de Saison 6화

'BOYS LOVE'가 잘 팔리는 만화라며 아키하바라에 가서 공부 좀 하라는 출판사의 말에 아키하바라에서 관련 만화를 사보지만 전혀 공부가 안 되는 준페이는 단 것이 당겨 가게로 들어선다. 그는 생크림과 바닐라 아이스가 들어간 딸기 파르페인 이치고파훼イチゴパフェ(1980엔), 아이스오레アイスオレ(600엔)를 주문한다. 준페이의 것이 나오기 전 옆자리 남성들이 먹던 것은 초코레토바나나파훼チョコレートバナナパフェ(1200엔)와 후루츠파훼フルーツパフェ(2800엔)였다.

후루후 데 세종은 1995년 개업한 디저트 전문점이다. 주인은 간다청과시장에서 과일 도매업을 하다가 간다청과시장이 오타구로 이전하면서 도매업을 접고 이 디저트 카페를 개업하게 됐다. 계절에 따라 제철 과일이 들어간 파훼나 쥬스를 즐길 수 있다. 과일의 특성상 주문이 들어오면 만들기 시작하기 때문에 보통 주문 후 30분 정도는 기다려야 한다. 주문하기 전 밖에서 줄을 서야 하는데 대기명부에 미리 이름을 적어놓아야 한다.

딸기는 1월에서 3월, 타이완파인애플은 4월에서 5월, 미야자키망고는 5월에서 8월 중순,복숭아는 7월에서 8월, 포도는 9월부터 11월 중순, 감은 10월부터 12월 중순까지 파훼로 제공한다. 직접 구워 만든 크루아상과 과일을 조합한 세트 메뉴도 인기 만점.

주소 東京都千代田区外神田4-11-2 전화 03-5296-1485 영업일 월, 화, 금 10:00-18:00 / 토, 일, 국경일 11:30-18:00(화요일, 목요일은 쉼) 교통편 도쿄메트로東京メトロ 긴자선銀座線 스에히로쵸역末広町駅 1번 출구 도보 2분

제철 과일의 풍미가 내 입안에 퍼진다!

〔Fruits de Saison 제공〕

킨교자카

金魚坂 7화

다른 사람의 결혼식 스피치나 해야 하나 고민에 빠져 있던 준페이가 우연히 만나게 된 킨교자카. 카페 내부로 내려가기 전 옆으로 금붕어 수조가 어머어마하게 많다. 여기가 금붕어 파는 수족관인가 착각이 들 정도의 양이다. 그러나 문을 열고 아래로 내려가면 아늑한 공간이 펼쳐진다. 내부 인테리어나 그림이 금붕어 천지다. 금붕어 굿즈를 파는 부분도 있다.

한편 킨교자카노비후쿠로카레ビーフ黒カレー(2000엔, 음료 하나는 무료)를 즐기는 준페이. 카레값에 즐길 수 있는 음료는 커피, 중국차, 아이스커피, 아이스티, 아이스 중국차 중에서 고를 수 있다. 소고기 덩어리가 큼지막하게 든 검은 카레를 주문하면 미소시루와 샐러드 그리고 락교가 다른 그릇에 각각 나온다. 준페이의 궁금증을 자아내던 부부의 메뉴는 은대구를 된장에 절여 구운 긴다라노사이쿄야키銀だらの西京焼き(1800엔)다. 미녀 자매가 즐긴 메뉴는 치즈케키チーズケーキ(550엔)와 사과파이인 압푸루파이アップルパイ(550엔). 참고로 압푸루파이는 애플파이로 유명한 마미즈안스리루マミーズ・アン・スリール에서 사입하는 녀석이라고 한다.

이곳은 찻집으로는 20년 조금 넘었지만 금붕어를 판 지는 350년이 넘었다고 한다. 현재는 7대째 주인 할머니가 운영 중이다. 킨교자카에서는 얇은 종이로 된 뜰채로 하는 금붕어 구하기 게임金魚すくい을 즐길 수 있다. 카페는 1층과 반지하층으로 나뉘어 있다. 아라시의 멤버 오노 사토시도 이곳에서 낚시를 하다가 가서 아라시 팬들의 성지 중 한 곳이 되었다.

주소 東京都文京区本郷5-3-15 전화 03-3815-7088 영업일 화~토 11:30-21:30 / 일요일, 국경일 11:30-20:00(월요일은 쉼) 교통편 도쿄메트로東京メトロ 마루노우치선丸の内線 혼고산쵸메역本郷三丁目駅 2번 출구 도보 5분

금붕어야! 그 강을 건너지 마오! 금붕어 종결 카페.

[킨교자카 제공]

완모아

ワンモア　8화

전차에 탄 사람을 관찰하거나 모르는 거리를 걷거나 해서 리얼한 이야기를 그리라는 출판사의 말에 고민하던 준페이는 다소 촌스런 외관에 끌려 완모아에 들어가 프렌치토스트인 후렌치토스토フレンチトースト(550엔)와 밀크쉐이크인 미르크세키ミルクセーキ(600엔)를 즐긴다.

후렌치토스트는 학창시절 어머니가 해주던 토스트의 바로 그 맛이다. 어머니가 떠오르는 맛! 내관은 전혀 찻집 이미지가 아닌 오래된 식당 이지미다. 미르크세키는 하얀 색이 아닌 노란 빛이 나고 음료 위에는 바닐라 아이스 한 덩이가 올라간다. 후렌치토스토는 달걀을 풀어 식빵을 담가 동판에 구운 단순한 스타일이다. 필자 스스로도 아주 가끔 해 먹는 녀석이다. 다른 점은 이 집의 토스트 위에는 레몬이 올라가 있어 새콤함까지 느낄 수 있다는 점이다. 이 집의 가장 간판 메뉴다. 토스트에 메이플 시럽을 부어 먹을 수 있어 좀 더 농후한 달콤함이 있다. 준페이가 힘내라던 미녀의 메뉴는 콘비후토스토산도コンビーフトーストサンド(600엔)였다.

80대 주인장 후쿠이 아키라 할아버지는 1971년 완모아를 이곳 히라이에서 개점했다. 주인할아버지는 아내 키누요 씨를 전에 일하던 찻집에서 만났다고 한다. 할아버지가 음식을 만들고 할머니는 서빙을 담당한다.

주소 東京都江戸川区平井5-22-11 전화 03-3617-0160 영업일 09:30-16:30(토요일은 재료가 없어지는대로 영업종료) (연말연시만 쉼) 교통편 JR 소부선總武線 히라이역平井駅 북쪽 출구北口 도보 2분

엄마의 손맛을 떠올리게 만드는 토스트! 한번 더!

라이

らい

10화

만화만이 인생의 전부가 아니라는 출판사의 말을 듣고 충격을 받은 준페이는 길을 걷다가 라이의 간판에 이끌려 들어간다. 준페이와 미녀선배는 서로 엇갈렸지만 이곳에서 있었던 미녀선배와의 그림 추억을 회상한다. 버터토스트인 바타토스토バタートースト(300엔), 뜨거운 커피인 홋토코히ホットコーヒー(400엔)를 음미하는 준페이. 시럽이 아닌 꿀을 접시에 따로 내어주는데 토스트에 두르면 더 꿀맛이다.
드라마 촬영 당시는 토스트가 200엔이었지만 지금은 300엔으로 올랐다. 주인 아주머니는 요즘에는 보기 드문 레코드를 틀었다. 주인 할아버지는 이따가 천천히 나오시냐고 여쭈니 2022년 5월, 82세의 나이로 돌아가셨다고 한다. 주인할아버지께서 후두암을 앓아서 어차피 전화를 못 받으셔서 전화를 없앴다고 했다. 아주머니께서는 식빵 봉지를 보여주며 이 식빵은 토스트 만드는데 쓸 건데 그냥 식빵이 아니라 이 근처에서 대단히 유명해서 줄까지 서는 페리칸이라는 베이커리에서 만드는 식빵이라고 자랑했다. 아침부터 오후까지는 자신과 어머니가 운영하고 저녁 6시부터는 언니가 나와서 운영한다고 한다. 찻집으로 역할은 오전 9시부터 오후 2시 사이에만 하기 때문에 토스트를 맛보려면 이 사이에 와야 한다. 오후 6시 부터는 바 영업만 한다. 주인아주머니의 딸은 현재 트와이스와 블랙핑크에게 완전히 빠져있어 한국식 화장을 하고 다니며 한국어까지 공부하고 있다고 한다.

주소 東京都台東区三筋2-24-10 전화 03-861-3830 영업일 월-금 09:00-14:00 / 바 영업 월-토 18:00-24:00(토요일, 일요일, 국경일은 쉼) 교통편 토에이지하철都営地下鉄 오에도선大江戸線 신오카치마치역新御徒町駅 A4 출구 도보 4분

친절한 아주머니와의 수다 삼매경! 그리고 가게의 역사!

웃도스톡쿠

WOOD STOCK

11화

엄마의 걱정스런 전화를 받고 고민에 빠진 준페이. 우연히 반짝이는 웃도스톡쿠의 빛나는 간판에 이끌려 가게로 들어선다. 철도 디오라마가 투명 테이블로 되어 있어 신기한 가게다. 준페이는 딸기와 크림이 들어간 커피 젤리인 코히제리コーヒーゼリー(500엔)를 음미한다. 철에 따라 곁들여지는 과일이 달라진다. 미녀 손님의 주문을 듣고 준페이는 크림이 올라간 홋토코코아ホットココア(450엔)까지 즐기며 미녀와 부부가 된 상상에 빠져들었다. 그 사이 미녀는 과일이 곁들여진 자가제 시훤케키シフォンケーキ(500엔)를 음미했다.

1979년 개업한 노포로 스누피가 데리고 다니는 노란 새 '우드스탁' 이름을 그대로 가게 이름으로 지었다. 그래서 가게 간판에도 우드스탁 새가 그려져 있다. 70대 여주인이 스누피를 좋아하기도 하고 찻집의 위치가 나무들에 둘러싸여 있다 보니 가게 이름을 새 이름으로 짓고 싶어 스누피의 졸병 새인 '우드스탁'으로 하게 됐다고 한다. 여주인이 가장 추천하는 메뉴는 준페이가 먹었던 코히제리다. 코히제리는 이 가격에 이 퀄리티와 양이라는 것이 놀라울 정도로 맛있었다. 멜론에 딸기에 생크림까지 있는 녀석이었다.

공원 바로 옆에 있고 시원한 개방감이 돋보이는 창이 있어 아이들이 뛰어노는 모습을 볼 수도 있다. 옛날에 공원이 아닐 때는 현재의 공원 부지 일부를 가지고 있었는데 시에 땅을 판 결과 공원이 되었다고 한다.

주소 東京都武蔵野市吉祥寺東町4-3-9 전화 0422-21-3338 영업일 11:00-18:00(목요일, 금요일은 쉼) 교통편 JR 츄오소부선中央·総武線 니시오기쿠보역西荻窪駅 북쪽 출구北口 도보 10분

연세 지긋한 주인 할머니의 멋짐 폭발!
달달한 디저트의 맛은 대폭발!

하마유우

はまゆう

12화

인물 묘사가 촌스럽다는 출판사의 말을 듣고 충격을 받은 준페이는 철도 건널목 저편의 가게로 이끌려간다. 찻집이라기보다 경양식집 같은 느낌을 주는 가게다. 달걀프라이와 햄버그인 메다마야키함바그 셋토目玉焼きハンバーグセット(950엔)를 즐기는 준페이. 메다마야키함바그 셋토 가격에는 음료가 포함되어 있어서 홍차로 할지 커피로 할지 고르라고 한다. 반숙 계란이 올라간 함바그의 맛은 굳이 설명이 필요 없다. 준페이는 친절한 서빙아가씨와 부부가 되는 상상을 하기도 한다. 서빙아가씨가 먹었던 오무라이스オムライス는 950엔이다.

창업 43년이 된 가게 이름은 문주란꽃이라는 뜻이다. 가게 왼편으로는 오래된 유리쇼케이스 속 모형 음식들이 손님들을 유혹한다. 80세 정도로 보이는 나이 많은 셰프가 카운터석 안쪽의 오픈 주방에서 음식을 담당하고 50세를 훌쩍 넘긴 중년 남성이 서빙을 담당하고 있다. 점내에는 경음악이 흘렀다. 소파도 오래된 빨간 녀석이라 가게의 역사를 짐작할 수 있었다. 모든 테이블에 재떨이가 있을 만큼 비흡연자인 나에게는 살짝 고통스런 찻집이었다. 테이블에 시크릿볼이라는 점을 봐주는 녀석이 있다. 100엔을 넣고 레버를 오므리면 자신의 운세가 적힌 종이가 나온다. 주인공처럼 심심풀이로 즐겨도 좋을 듯하다. 밖으로는 아주 멋지고 이국적인 풍경의 노면전차가 수시로 다닌다.

주소 東京都荒川区町屋2-9-10 전화 03-3895-2135 영업일 09:00-20:00(비정기적 휴무) 교통편 도쿄메트로東京メトロ 치요다선千代田線 마치야역町屋駅 1번 출구 도보 3분

가게에서 보이는 꽃밭 안 노면전차의
황홀한 풍경은 완전 사기!

마코

マコ

13화

그림이 잘 그려지지 않아 머리를 식힐 겸 밖으로 나온 준페이는 요상한 조합의 이름이라는 궁금증에 한 건물의 2층 가게로 들어선다. 그리곤 닭고기와 야채, 떡 등을 끓인 토리조니鳥雑煮(단품 800엔)를 음미한다. 참고로 토리조니는 토요일 한정으로 판매하는 음식으로 식재료 모두를 츠키지 장외시장에서 사입한 재료들로만 만든다. 토리조니를 먹기 위해 토요일에 방문하기 어렵다면 모든 영업일에 만날 수 있는 해선떡국인 카이센조니(1600엔)를 주문해 먹는 것도 방법이다. 치한으로 오해해 주전자로 준페이를 때리려던 숙녀가 먹었던 음식은 일본의 유명 디저트 미츠마메みつ豆(500엔)란 녀석이다.

마코는 1961년 츠키지시장 제 1호 찻집으로 문을 연 가게다. 1대 점주 쿠마다니 마사코 할머니가 2018년 91세의 나이로 폐업한 가게를 긴자에서 바를 운영하던 37세의 나카가와 씨가 짐창고를 하나 구하러 다니다가 우연히 할머니의 사연이 담긴 찻집을 소개받고 츠키시 시장에 존치시켜야겠다는 사명감에 마코를 이어받아 하고 있다고 한다. 가게 이름 마코는 1대 점주였던 마사코 할머니를 할머니의 어린 시절 연인이 마코라는 별명으로 불렀던 것에서 착안해 지어진 이름이다.

주소 東京都中央区築地4-9-7 전화 03-3248-8086 영업일 10:30-15:00, 18:00-21:00(일요일, 국경일은 쉼) 교통편 도쿄메트로東京メトロ 히비야선日比谷線 츠키지역築地駅 1번 출구 도보 3분

역사를 이어가는 젊은 사장의 고집과 맛!

루앙

ルアン 14화

나쁘지는 않지만 만화가 잡스럽다는 출판사의 말을 듣고 의기소침한 준페이는 루앙에서 모카 마타리モカマタリ(550엔)를 즐기며 스트레스를 푼다. 준페이를 깜짝 놀라게 한 옆자리 아주머니들의 메뉴는 베르사이유의 장미라는 뜻의 밀크티인 베르사이유노바라ベルサイユのばら(650엔), 멕시코의 정열이라는 뜻의 메키시코노죠네츠メキシコの情熱(740엔)라는 메뉴였는데 베르사이유노바라는 컵 중앙에 장미 모양 크림이 동동 떠 있어서 그렇게 이름을 지었고 커피와 술이 섞인 메키시코노죠네츠는 커피에 데킬라와 오렌지가 들어가서 이름 지었다. 건너편에서 준페이의 시선을 사로잡은 특이한 잔의 메뉴는 아이스윈나코히アイスウインナーコーヒー(540엔), 빵은 말차롤케이크인 맛차로루케키抹茶ロールケーキ(420엔)였다. 준페이가 귀부인이라고 생각한 손님의 메뉴는 브라지루산토스ブラジルサントス(490엔)라는 음료였다.

1971년 개업한 루앙은 프랑스 지명을 따서 지은 이름으로 현재 2대째인 아들 미야자와 씨가 운영 중이다.

루앙에서는 노다메 칸타빌레로 국내에서도 많은 팬을 가진 타마키 히로시 주연의 조폭 출신 남자의 개과천선 주부 생활을 그린 2020년 일본드라마 '극 주부도' 1화의 코믹 씬이 촬영되었다. 서로가 오랜만에 만나게 된 상황이었는데 보스(타케나카 나오토)는 브렌도코히ブレンドコーヒー를, 타츠(타마키 히로시)는 파훼パフェ를 격하게 먹던 씬이었다.

이외에도 사쿠라이 히나코의 '야누스의 거울'이나 후쿠야마 마사하루의 '집단좌천', 요시타카 유리코의 '몰라도 되는 것', 아베 히로시의 '아직 결혼 못 하는 남자', 히로세 아리스의 '아는 와이프', 카토리 싱고의 '개도 안 먹는 찰리는 웃는다', '임상범죄학자 히무라 히데오의 추리' 등의 씬들도 루앙에서 촬영되었다.

오래된 찻집의 커피 한 잔!

주소 東京都大田区大森北1-36-2 전화 03-3761-6077 영업일 월-토 07:00-19:00 / 일요일, 국경일 07:30-18:00(목요일은 쉼) 교통편 JR 케이힌토호쿠선京浜東北線 오모리역大森駅 동쪽 출구東口 도보 3분

링고

林檎

18화

준페이는 대학생을 주인공으로 한 청춘물을 쓸 수 있겠냐는 출판사의 말에 고민하던 차, 근처 카페로 들어가 따듯한 애플티인 압플티アップルティー(550엔)와 커피가 들어간 계절 아이스크림인 코히마론コーヒーマロン(500엔)를 주문해 음미한다. 준페이가 대화를 엿들으려던 대학생의 주문 메뉴는 아이스커피에 샌드위치인 믹쿠스산도ミックスサンド(700엔)이었다.

애플티의 맛은 너무나 예상이 되는 바, 준페이가 먹었던 코히마론을 주문했다. 코히마론은 호두맛 아이스크림 그 자체로 정말 달콤하다. 링고의 현재 주인 미즈코 씨는 3대째 주인으로 재미나게도 이 가게의 단골손님이었다고 한다.

드라마의 설정처럼 실제 방문했을 때에도 대학생으로 보이는 커플이 두 팀 있던 걸 보니 아마도 사전조사를 충분히 한 결과물인 듯하다. 도보 5분 거리에 무사시노음악대학교가 있어 대학생들이 꽤 찾을 법하다. 게다가 가게에 흐르는 음악도 클래식 음악이 조용히 흐르고 있어 음대생들에게는 분위기를 느끼기 좋을 것 같다. 만약 도쿄에서 한 달 살기를 할 수 있다면 에코다역 인근에서 하고 싶을 정도로 고층 건물이 없고 역도 아담해 조용한 동네였다.

주소 東京都練馬区栄町39-1 전화 03-3991-4104 영업일 월-토 10:00-19:00 / 일요일 12:00-19:00(연중무휴) 교통편 세이부철도西武鉄道 이케부쿠로선池袋線 에코다역江古田駅 북쪽 출구北口 도보 3분

호두 아이스크림은 내 마음의 풍금!

파페르부르그

パペルブルグ 16화

서바이벌 만화를 그려야 해서 산을 찾아본 준페이는 길을 헤매다 담쟁이넝쿨로 덮인 고성스러운 가게로 발을 옮긴다. 건물 외벽에는 마녀가 빗자루를 타고 나는 모습이 그려져있어 더 기괴하게 느껴진다. 내부는 천장이 높고 사슴 박제 등의 인테리어가 있어 다소 기괴한 느낌을 받게 한다. 준페이는 점원의 추천을 받아 스프가 함께 나오는 독일식 핫도그인 쟈만독구ジャーマンドッグ(800엔)를 음미한다. 쟈만독구에는 미트소스가 올라간다. 그가 부러워하며 바라보던 커플의 메뉴는 푸딩인 푸린아라모도プリンアラモード(1200엔), 폭주족 같은 느낌의 남자가 받아든 메뉴는 달콤한 과일 타르트인 아마오우타르토あまおうタルト(1800엔)였다. 헛것을 보며 땀을 흘리던 준페이를 걱정하며 다가와준 미모의 여작가가 받은 메뉴는 생딸기가 가득 들어간 아마오우파훼あまおうパフェ(1700엔)였다.

가게는 중세 남부 독일의 모습을 모티브로 1991년 개업했다.

이 카페는 최근 일본에서 인기가 한창인 여배우 요시오카 리호 주연의 '패러럴월드 러브스토리'의 배경지로도 쓰였다.

이 가게는 직접 원두를 볶아 커피를 만드는데, 독일식 커피 제법을 사용해 사이폰으로 커피를 만든다. 이렇게 만든 커피는 잡다한 맛을 없고 카페인을 감소된 효과가 있다고 한다.

주소 東京都八王子市鑓水530-1 전화 0426-77-5511 영업일 10:00-19:00(부정기적 휴무) 교통편 JR 요코하마선横浜線 하치오지미나미노역八王子みなみ野駅 북쪽 출구北口 버스정류장에서 65번 버스 탑승, 사카우에정류장坂上バス停 하차, 도보 20분

도쿄 서쪽 하치오지에서 빗자루 탄 마녀의 성을 만나다.

〔요시무라 타쿠야 제공〕

쥬리안

ジュリアン

19화

출판사로부터 대사가 너무 어중간하다며 혼난 준페이. 둥근 창에 호기심이 생겨 가게로 들어선다. 그의 눈에 들어온 것은 여기저기 사람들이 모두 먹고 있는 페어소다인 페아소다ペアソーダ(700엔)였다.

준페이는 혼자서 무슨 커플음료냐며 실소를 머금은 것도 잠시. 주인아주머니가 다가오자 바로 페아소다를 주문한다. 페아소다는 커플이 나눠 먹을 수 있도록 잔이 두 개로 나뉘어져 한쪽은 딸기 맛 다른 한쪽은 멜론 맛 소다를 담는다. 딸기 맛 소다 위에는 생크림이, 멜론 맛 소다 위에는 아이스크림 한 덩이가 올라간다. 잔을 위에서 보면 하트모양이다. 이 귀중한 유리잔은 이제 4개밖에 남지 않았다고 한다. 여주인의 말에 따르면 페아소다를 담기 위해 이 잔을 만든 게 아니라, 이 잔을 발견하고 페아소다 메뉴를 만든 것이다.

한편 준페이가 신경쓰던 타로카드 점술가의 메뉴는 미트도리아인 미토도리아ミートドリア(800엔), 점을 보던 털보아저씨가 먹었던 것은 푸딩과 과일과 아이스크림 그리고 생크림 등이 들어간 푸린아라모도プリナラモード(780엔)였다. 드라마에서 타로 점술가가 등장하는데 이는 드라마 스토리상의 연출이 아닌 실제다.

1965년 개업한 가게 외관은 벽돌을 둥그렇게 만들어 창을 내 커튼을 달아 시선을 끈다. 점내의 둥그런 메뉴 나무통 역시 인상적이다. 주인인 오가와 유키코 씨는 2001년 정도부터 부모님이 운영하던 이 다방을 이어오고 있다. 참고로 쥬리안은 드라마 '방과 후 소다'의 배경지로도 쓰였다.

주소 神奈川県藤沢市藤沢110 전화 0466-22-7955 영업일 월-금 08:00-19:00 / 토 10:00-18:00(일요일, 국경일은 쉼) 교통편 JR 토카이도선東海道線, 쇼난신쥬쿠라인湘南新宿ライン 후지사와역藤沢駅 북쪽 출구北口 도보 2분

커플 아닌 사람
입장금지 수준!
커플 크림소다!

〔 오가와 유키코 제공 〕

킷사 크라운

喫茶クラウン 20화

출판사의 언어폭력에 폭발해서 출판사 상담실에서 큰소리치며 뛰쳐나온 준페이는 크라운 간판에 이끌려 가게로 들어선다. 그리곤 브렌드커피인 브렌도ブレンド(400엔)를 주문해 음미한다.
이곳의 브렌도코히는 콜롬비아와 브라질 원두를 기본으로 하고 거기에 과테말라와 코스타리카 원두를 섞어 만든다고 한다.
한편, 단골 중년아저씨가 사진을 찍으며 먹어 준페이의 식욕을 당겼던 메뉴는 푸딩 위에 귤, 파인애플, 황도, 사과, 바나나가 등의 과일들이 올라간 푸린아라모도プリナラモード(670엔)였다. 식욕이 당긴 준페이는 한천, 아이스크림, 각종 과일, 팥이 들어간 일본의 유명 디저트 크리무안미츠クリームあんみつ(600엔)를 추가 주문해 즐긴다. 크리무안미츠에는 황도와 바나나와 사과까지 들어간다. 이 가격에 이렇게 푸짐한 과일디저트를 즐길 수 있다니 반갑다. 준페이가 여신이라 찬양했던 아가씨의 메뉴는 믹쿠스쥬스ミックスジュース(550엔)이고 무심코 보게 된 회사원 스타일 아저씨의 메뉴는 자가제 카레라이스自家製カレーライス(750엔)였다.
가게 외관은 별다를 것이 없지만 내부는 샹들리에가 있고 나선형 계단도 있어서 고풍스러운 분위기를 물씬 낸다. 하지만 2, 3층은 현재 사용하지 않는다. 2층은 단체손님이 생기면 아주 가끔 개방한다고 하며 3층은 옛날에 직원들의 쉼터였다고 한다. 옛날에는 작은 분수까지 점내에 있었다고 하니 한창 번성했었던 이 다방의 영화로움이 예상된다.
카운터에서 이미 50엔짜리 라이터를 판매하는 등, 점내에서 흡연이 가능한 점은 비흡연자인 나로서는 아쉽지만 70세 정도를 훌쩍 넘긴 주인 할머니의 친절함이 돋보인다. 가게의 개업은 무려 1960년.

나선형 계단과 샹들리에는 반칙이지!

주소 埼玉県川口市芝新町3-19 전화 048-266-1207 영업일 08:00-21:00(일요일, 국경일은 쉼) 교통편 JR 케이힌토호쿠선京浜東北線 와라비역蕨駅 동쪽 출구東口 도보 2분

味の珈琲屋
さぼうる

『꽃미남이여! 밥을 먹어라!』 속 그곳은…!

イケメン共よ メシを喰え

핸드폰의 가상 연애 게임에 빠져 있는 출판사 편집부의 젊은 여성 이케다 요시미. 꽃미남만 보면 정신을 못 차리는 그녀는 잡지에 꽃미남을 취재하는 기획을 했다가 잡지의 폐간으로 물거품이 되고 의기소침한다. 게다가 직장 상사인 오지 신으로부터 맛집 탐방 잡지 기획서 제출을 요구 받고 곤란해한다. 소식 인간인 요시미이지만 식당 점원이 꽃미남이라는 이유로 갑자기 취재 욕구가 샘솟는다. 게다가 맛집 잡지를 함께 만들 꽃미남 신입 직원 호소미 켄토가 팀에 합류하게 되면서 요시미는 생기가 돋는다.

츄고쿠라멘요슈쇼닌 타나시점

中国ラーメン揚州商人 田無店 1화

맛집 잡지를 함께 만들 꽃미남 신입 직원 호소미 켄토가 팀에 합류하게 되면서 첫 식사를 함께 한 가게다. 호소미는 매콤새콤한 라멘인 스라탄멘酸辣湯麵(1000엔), 볶음밥인 챠항チャーハン(980엔), 만두인 교자餃子(480엔)를 모두 오모리(양 많게)로 주문한다. 요시미는 꽃미남이 섹시하고 박력있게 먹는 모습을 보고는 흥분하여 라멘ラーメン을 주문한다. 맛있게 라면을 먹은 요시미는 꽃미남을 보면 자신도 음식을 완식할 수 있다는 것을 발견하곤 맛집 잡지 기획서의 영감을 얻는다.

이 가게의 가장 대표 메뉴는 호소미가 먹었던 스라탄멘이다. 면발의 굵기를 고를 수 있는데 완전 굵은 면, 중간 굵기 면, 가는 면이 있다. 국물에는 라유가 둥둥 떠 있다. 건더기는 표고버섯과 계란, 빨간 고추 정도다.

가게 내부는 대나무를 이용해 기둥이나 가벽을 만들고 빨간 글씨로 메뉴를 주방 유리창에 써놓음으로 해서 잠시 중국의 어느 시골 식당에 온 같은 기분을 느끼게 해준다.

탄탄멘, 완탕멘, 야키소바, 안닌도후 등의 메뉴도 있다. 물론 중국을 상징하는 칭따오 맥주는 기본이다. 역에서 가게까지 걸어가기 부담스럽다면 역 앞 버스정류장에서 64번 세이부버스西武バス를 타고 카가쿠칸미나미이리구치科学館南入口 정류장에 내리자. 불과 걸어서 1분도 되지 않는 거리에 가게가 있다.

주소 東京都西東京市芝久保町4-12-49 전화 042-451-6381 영업일 11:00-04:30(연중무휴) 교통편 도세이부철도西武鉄道 신쥬쿠선新宿線 하나코가네이역花小金井駅 북쪽 출구北口 도보 15분

중국의 어느 시골 중국집 분위기 그 자체!

타이슈캇포 산슈야 긴자본점

大衆割烹 三州屋 銀座本店 3화

그동안 식욕이 없어 관심이 없었지만 정작 자신의 집 근처에 근사한 식당이 있다는 것을 발견한 요시미는 친근한 분위기의 가게로 들어간다. 그리곤 여주인의 추천을 받아 마구로야마카케マグロ山かけ(750엔)를 주문한다. 가게에 미남이 없어 고민하던 차, 요시미는 예쁘게 생긴 꽃미남을 발견하고 식욕을 일으켜 완식에 성공한다.

필자는 주문과 서빙을 담당하는 여직원의 말장난에 마구로야마카케가 아닌 참치정식으로 잘못 주문하고 말았다. 참치 정식은 밥 한 공기, 참치 몇 점, 일본식 된장국인 미소시루, 오이와 배추 절임, 두부버섯국이 나온다. 참치회는 겨자를 얹어 먹으면 좋다. 1968년 오픈한 가게로 개업 당시에는 도쿄도청(1991년에 신쥬쿠로 이전했다)에 다니는 공무원들이나 요리우미신문 본사 그리고 건설회사 등의 직장인들이 주를 이뤘다고 한다.

런치 타임과 저녁 타임 사이에 빈 시간이 없는 것도 이 식당의 장점이다. 회로 판매할 생선은 주인이 매일 아침 토요스에서 사입한다. 럭셔리한 긴자 한복판 좁은 골목길 구석에 이런 가게가 있다니 신기하기까지 했다.

구글 지도를 이용하면 가게의 뒤편, 즉 가게와 빌딩이 접한 막힌 부분으로 잘못 안내해 시간을 날릴 것이다. 가게가 'g-star raw'와 'mergellina'라는 가게 사이 골목길에 있으니 이 두 가게 중 하나를 검색해서 찾아가는 편히 좋다.

주소 東京都中央区銀座2-3-4 전화 03-3564-2758 영업일 월요일-목요일 10:30-22:00 / 금요일 및 공휴일의 전날 10:30-22:30 / 토요일 10:30-21:30(일요일은 쉼) 교통편 JR 케이힌토호쿠선京浜東北線, 야마노케선山手線 유라쿠쵸역有楽町駅 쿄바시출구京橋口 도보 5분

참치는 못 참지!

텐동야 마사루

天丼屋 まさる 4화

아사쿠사에 온 요시미는 같이 나온 호소미 군과 찢어져 각자 취재를 하기로 한다. 그러다 꽃미남 인력거꾼이 가게로 들어가는 모습을 보고 따라 간다. 꽃미남이 텐동을 주문하자 똑같이 주문하는 요시미. 그녀는 꽃미남 인력거꾼이 끄는 인력거를 타고 아사쿠사 센소지 등을 산책하는 망상을 한다. 이렇게 꽃미남 식욕 파워를 얻은 요시미는 보리멸인 키스キス, 참새우인 구루마에비車海老, 붕장어 튀김인 아나고穴子를 간장소스를 이용, 차례차례 완식한다. 참고로 이 집의 텐동에는 계절에 따라 양태인 메고치めごち 혹은 가리비인 호타테가이ホタテガイ가 들어가기도 한다.

이곳은 오오이리에도마에텐동大入江戸前天丼(3800엔), 구루마에비텐동車海老天丼(5800엔)으로 되어 있는 텐동이 메뉴의 전부다. 들어가는 내용물은 똑같은데 새우의 크기 차이에 따라 가격이 나뉠 뿐이다. 저렴한 것이 3800엔이니 결코 저렴한 한 끼는 아니다. 이 정도 가격이면 된장국인 미소시루 정도는 그냥 줘도 되겠건만 200엔의 가격이 형성되어 있었고, 오이와 단무지절임 조금이 반찬의 전부다. 밥 아래 깔린 간장 베이스 소스를 밥과 비벼 튀김과 먹으면 되었다. 튀김의 맛은 말 그대로 극상이다. 테이블석과 카운터석으로 이뤄져 있는데 이 드라마의 여주인공인 카케이 미와코의 사인이 카운터석에 자리하고 있다.

주소 東京都台東区浅草1-32-2 전화 03-3841-8356 영업일 11:00-15:00(식재료가 떨어지는 즉시 영업종료) (수요일, 일요일, 공휴일은 쉼) 교통편 도쿄메트로東京メトロ 긴자선銀座線 아사쿠사역浅草駅 6번 출구 도보 3분

고급 튀김의 진수를 만끽하라!

사보우루

さぼうる 6화

자신의 첫사랑이 앉았던 지정석이 어디였는지 기억을 더듬는 요시미. 마침 어제 꾼 꿈이 크림소다를 먹으며 첫사랑을 바라보는 꿈이기도 했다. 참고로 이 꿈의 배경도 이 카페인 사보우루다. 요시미는 지적인 매력의 미남을 발견하고 본의 아니게 먹게 된 나포리탄을 꽃미남 식욕 파워를 일으켜 음미하게 된다. 그녀는 향수를 부르는 그리운 맛이라며 맛과 양 모두 극찬한다. 이곳의 나포리탄은 팬에 버터를 올리고 양파, 피망, 베이컨, 버섯을 면이랑 볶다가 케첩 소스로 간을 한 녀석이다. 한편 요시미는 지적인 미남이 디저트로 빨간 크림소다를 음미하자 자신도 크림소다를 주문해 즐긴다. 다른 점은 요시미의 크림소다는 녹색이라는 점. 크림 소다에는 탄산음료 위에 바닐라 아이스크림 한 덩어리가 올라가는 녀석인데 단순하지만 달콤하고 상큼한 디저트다.

사보우루는 일본어가 아닌 스페인어로, '맛'이라는 뜻이다. 하루 400~500명의 손님이 온다는 이곳은 이미 각종 드라마와 영화의 촬영지로도 굉장히 인기 있다. 영화 '도쿄 맑음'에서는 마츠 다카코와 타케나카 나오토가 길에서 우연히 만나 차를 마시고 출판 관련 이야기를 나누던 가게로 등장했다. 이곳은 드라마 '찻집을 사랑해서' 제1화에 등장하는 가게이기도 하다.

"나한테는 화려한 이탈리아 피자보다 이런 피자 맛 나는 빵이 완전 좋지"

'찻집을 사랑해서'의 주인공 만화작가 준페이는 아이스 딸기주스인 이치고 후렛슈쥬스フレッシュジュース(600엔), 치즈가 듬뿍 들어간 피자토스토ピザトース(대, 750엔)를 즐긴다. 준페이가 눈여겨봤던 옆자리의 미녀 문학소녀가 음미한 것은 크림소다인 브루하와이ブルーハワイ(680엔)와 치즈케키チーズケーキ(400엔)였다.

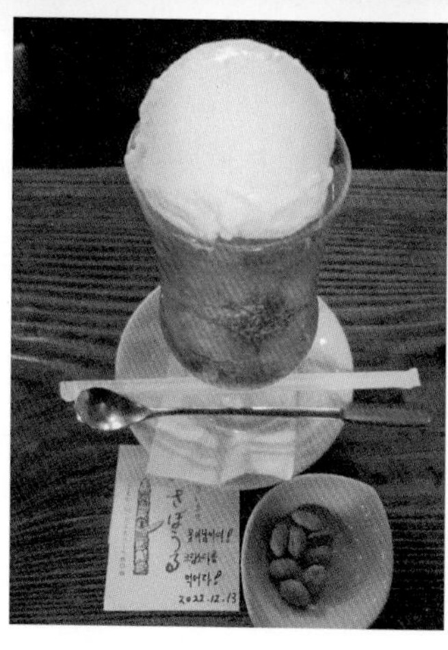

옛날 다방의 표본!
촬영지 맛집!

주소 東京都千代田区神田神保町1-11 전화 03-3291-8404 영업일 11:00-17:00(일요일, 국경일은 쉼) 교통편 도쿄메트로東京メトロ 한조몬선半蔵門線 진보쵸역神保町駅 A7출구 도보 1분

판케키마마카훼 보이보이

パンケーキママカフェ VoiVoi 8화

취재의뢰가 들어와 요시미가 찾아온 가게 보이보이. 그녀는 점원의 추천을 받아 스페샤루판케키スペシャールパンケーキ(1100엔)를 주문해 즐긴다. 다행히 옆 테이블에 거친 상남자 스타일의 미남이 들어와 요시미의 식욕을 부른다. 요시미는 달콤하지만 기름지진 않은 팬케이크 매력에 흠뻑 빠진다. 주인공이 음미한 스페샤루판케키는 두께 1cm 정도 되는 폭신한 버터밀크팬케이크가 3장 나오고 그 위에 바닐라아이스크림이 동그랗게 올라간다. 또 그 위에 생크림이 올라간다. 여기에 캐나다산 메이플시럽을 적당량 부어 먹으면 된다. 참고로 이곳의 생크림은 우유 생산으로 유명한 홋카이도 콘센根釧에서 생산된 것을 사용한다.
2006년 산겐쟈야의 주택가에 자리 잡은 인기 가게로 90퍼센트 이상이 여성 손님이다. 인스타에 디저트 사진 찍어 올리기 좋은, 여성 취향저격의 가게답다. 이곳은 클래식버터밀크 팬케이크를 비롯해 호밀팬케이크, 카라멜 견과류 바나나 케이크, 네 가지 치즈가 들어간 치즈퐁듀팬케이크, 오믈렛스팸 팬케이크, 계절한정 복숭아나 블루베리 팬케이크 등의 메뉴도 인기다. 음료는 바나나밀크, 키위소다, 아이스커피, 홍차, 오렌지쥬스 등이 있다. 줄을 설 때는 가게 앞 보드에 이름을 쓰고 기다리면 된다.

주소 東京都世田谷区三軒茶屋1-35-15 1F 전화 03-3411-1214 영업일 월요일, 수요일 11:30-20:00 / 목요일, 금요일 11:30-21:00 / 토요일, 공휴일 11:00-19:00 / 일요일 11:00-18:00(화요일은 쉼) 교통편 토큐전철東急電鉄 텐엔토시선田園都市線 산겐자야역三軒茶屋駅 남쪽 출구南口 도보 2분

오로지 팬케이크의 맛에 집중하라!

〔VoiVoi 호소다 제공〕

아지핫포

味八宝 9화

어머니의 강제 맞선 때문에 기분이 좋지 않았던 요시미 뒤로 트럭 한 대가 나타나더니 근육질 남성이 내려서는 어느 가게로 향한다. 뭔가에 홀린 듯 뒤따라가는 요시미. 그녀는 식권 자판기에서 카츠카레カツカレー(1200엔)를 주문하는 남자를 지켜보고는 똑같이 구매한다. 음식을 받은 요시미는 많은 양에 겁먹지만 거친 남자의 먹는 모습을 보고 힘을 얻어 완식에 성공한다. 그녀는 카레면 카레이고 돈카츠면 돈카츠지 어째서 섞었을까하는 그동안의 의구심을 모두 던져버린다.

실제로 이 집의 카츠카레는 대단히 맛있고 양이 엄청나다. 이 가게에 오려면 다리를 하나 건너게 되는데 주변이 모두 항구 물류센터 등으로 이루어진 창고 지역이다.

주인아주머니도 외국인 아르바이트 여직원도 모두 상냥한 가게다.

참고로 아지핫포는 미남배우 야마시타 토모히사 주연의 2015년 일본드라마 '5시부터 9시까지, 나를 사랑한 스님' 6화에서 마사코와 렌지가 즐겁게 라멘을 먹던 가게로 등장했었다.

아지핫포는 만두, 튀김, 생선조림, 야채볶음, 고기볶음, 생선튀김, 우동, 라멘, 탄탄멘, 볶음밥, 돈카츠, 덮밥 등 없는 메뉴가 없는 대중식당이다.

주소 東京都江東区辰巳3-15-3 전화 03-6820-9616 영업일 월요일-금요일 09:00-22:00 / 토요일 09:00-15:00(일요일, 공휴일은 쉼) 교통편 도쿄메트로東京メトロ 유라쿠쵸선有楽町線 신키바역新木場駅 출구(출구 1개뿐) 도보 15분

무지막지한 양! 여사장님의 친절은 덤이오!

잇케이

一慶 10화

길에서 우연히 초등학교 동창인 시미즈군을 만난 요시미는 어릴 적 친구와 함께 닭고기 꼬치구이 전문점으로 들어간다. 어렸을 적 뚱뚱했던 친구가 커서는 미남으로 변해 있어 요시미의 마음이 동요한다. 친구의 주문으로 닭가슴살인 사사미ささみ(300엔), 연골인 난코츠軟骨(240엔), 간인 레바レバ(250엔), 다진 고기 꼬치구이를 날달걀에 찍어 먹는 츠키미츠쿠네月見 つくね(360엔), 닭꼬리뼈 부위인 본지리ぼんじり(240엔), 닭날개인 테바사키手羽先(450엔), 닭껍질인 카와皮(240엔)까지 한꺼번에 카운터석에 받아 놓는다. 요시미는 소금 간이 잘 된 사사미, 바삭하게 잘 구워진 난코츠, 츠쿠네つくね를 맛보며 황홀함을 느끼고 그녀의 어릴 적 친구는 닭날개를 뜯으며 행복해한다. 극중에선 토리무네라고 나오지만 잇케이 정식 메뉴에는 사사미라고 쓰여 있다. 히자난코츠로 나오는 메뉴 역시 가게 메뉴에선 난코츠로 나와 있다.

코엔지역에서 다소 떨어진 도로가에 위치한 닭꼬치구이 전문 선술집 잇케이. 실내가 굉장히 좁고 어두우며 흡연가능한 점이 아쉽다. 카운터석 몇 자리와 테이블석 두 개, 방 하나가 전부다. 남주인장은 가게 점두 한 쪽에서 열심히 꼬치를 구워낸다. 주문받을 때 소금구이로 할 거냐 양념구이로 할 것인가를 묻는다. 꼬치구이집에서 조용한 재즈 음악이 흘러서 좀 기묘한 기분이 들었다.

주소 東京都中野区大和町3-21-1 전화 03-5327-4133 영업일 수요일-일요일 17:00-23:00(월요일, 화요일은 쉼) 교통편 JR 츄오선中央線 코엔지역高円寺駅 북쪽 출구北口 도보 11분

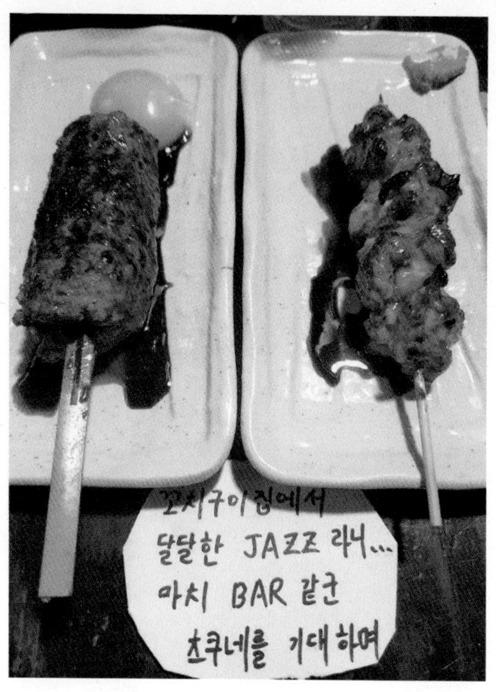

어둠의 가게! 달콤 짭짜름한 꼬치는 선라이즈!

ニット
COFFEE

『방랑의 미식가』 속 그곳은…!

野武士のグルメ

샐러리맨에서 정년퇴직을 하게 된 남자는 자신이 퇴직한 줄도 까먹고 허겁지겁 지각을 걱정하며 아내에게 왜 깨우지 않냐고 화낸다. 이내 자신이 퇴직한 사실을 깨달은 남자 카스미 타케시는 안도한다. 이 이야기는 극 초반의 내레이션처럼 어디에나 있는 환갑의 남자가 떠돌이 무사의 힘을 빌려 자유롭게 식사하는 맛집 순례 판타지 이야기다. 아재미 넘치는 주인공의 맛집 순례를 찾아가보자.

아오키 식당

あおき食堂 1화

퇴직하고 한가로이 집에서 책을 보던 남자 타케시는 외출이라도 하려고 하지만 갈 곳이 없다. 그래서 무작정 공원을 걷기 시작한다. 그러다 통근할 때는 전혀 의식하지 못했던 식당 앞에 선다. 그곳이 바로 아오키 식당이다. 항상 직원식당의 정해진 밥을 먹다가 쇼와시절의 느낌을 풍긴다며 타케시는 흡족해한다. 드라마는 타케시의 시선을 빌려 은연어구이銀しゃけ焼き(850엔)와 함바그스테키ハンバーグステーキ 만드는 모습을 천천히 보여줬다. 타케시가 선택한 메뉴는 가지와 피망 돼지고기 등을 일본식 된장 미소와 볶은 '나스 피망 부타니쿠 카라미소이타메 정식なすピーマンの豚肉辛味噌炒定食(800엔)'과 오이 절임 반찬인 '누카즈케ぬか漬け'였다. 그리고 음식이 나오기 전에 그동안 마시지 못한 평일 대낮의 병맥주를 시원하게 즐기고 뿌듯해한다.

아오키 식당의 외부 간판은 창업 50년이 지나 비록 낡아빠졌지만 손님들이 편안한 시간을 보내라고 점내에는 많은 만화책들을 비치해 두었다. 테이블에는 메뉴판이 없다. 벽에 붙은 수많은 메뉴를 보고 직접 주문하는 방식이다.

주인공이 먹었던 메뉴를 먹고 싶었지만 여름에만 나오는 계절한정 메뉴라서 가장 비슷한 메뉴인 부타니쿠쇼가야키豚肉生姜焼き를 부탁해 음미했다.

택시기사나 우편배달부, 공장근로자로 보이는 사람까지 손님층이 다양하다. 택시 기사가 보이면 맛집일 확률이 매우 높다는 이야기가 있어 기대를 더한다.

주소 埼玉県川口市中青木3-2-10 전화 048-255-4330 영업일 09:30-13:30, 16:00-20:00(일요일, 국경일은 쉼) 교통편 JR 케이힌토호쿠선京浜東北線 니시가와구치역西川口駅 동쪽 출구東口 도보 18분

낡은 판자집 가게! 그러나 주인장의 솜씨는 녹슬지 않았다.

닛토

knit

고서점가에서 책을 산 타케시는 책을 읽을 만한 옛날풍 찻집을 찾다가 닛토로 들어선다. 그리곤 생크림을 듬뿍 올려 달달한 윈나코히ウィンナコーヒー(580엔)를 주문해 즐기며 학창시절을 떠올린다. 그러다 메뉴판의 나포리탄ナポリタン(770엔)을 보고 주문한다. 극중에선 나포리탄 요리 장면을 긴 시간을 들여 보여줘 입맛을 돌게 한다. 타케시는 파마산 치즈가루와 타바스코 소스를 부탁해 듬뿍 넣어 본격적인 식사를 한다.

이 가게의 창업은 1965년으로 건물 내부는 복고풍으로 가득하다. 본래 뜨개질한 여성복 니트를 만들던 공장이었는데 후진국에서 저렴한 옷들이 많이 수입되면서 문을 닫고 과감히 카페를 개점한 역사를 가지고 있다. 다만 주인장이 공장의 추억만은 남기고 싶어 카페 이름을 뜨개질한 옷이란 뜻의 knit로 정했다고 한다. 현재는 딸인 사나에 씨와 사나에 씨의 아들이 주축으로 가게를 이끌어 나간다. 가족경영 카페라서 그런지 두 분 모두 친절하다. 가게 입구 좌측으로 책들이 조금 있는데 그 중에 '방랑의 미식가'를 촬영한 맛집들을 실제 드라마에 나왔던 장면들까지 게재해 모아 놓은 순례 가이드북이 있다.

닛토는 2019년 카메나시 카즈야 주연의 드라마 '스트로베리 나이트 사가', 2018년 타마키 히로시 주연의 드라마 '너에게는 돌아갈 집이 있다', 2015년 스다 마사키 주연의 '짬뽕 먹고 싶다'에서도 촬영지로 쓰였다.

주소 東京都墨田区江東橋4-26-12 小沢ビル 1F 전화 03-3631-3884 영업일 월-토 09:00-20:00 / 국경일 09:00-18:00(일요일은 쉼) 교통편 JR 소부선総武線 킨시쵸역錦糸町駅 남쪽 출구南口 도보 4분

촉촉함이 부족한 나포리탄! 모자 사장님들의 친절은 촉촉하다.

야마짱

山ちゃん

7화

건강검진 결과, 이상이 없다는 이야기를 들어 기분이 좋아진 타케시는 골목길을 걸으며 주변을 둘러본다. 큰 도로로 나왔을 때 문 연 집을 발견하는데 그것은 바로 야마짱. 타케시는 꼬치구이가 익어가는 모습을 보며 오랜만에 대중 선술집에 왔다고 작은 기쁨을 느낀다. 검진 결과가 좋게 나와 기분이 좋아진 타케시는 생맥주生ビール(대짜, 700엔)를 시켜 마시며 얼굴에 웃음꽃이 핀다. 그러다 벽에 붙은 메뉴를 보다가 조림두부에 곱창조림もつ煮을 함께 담은 카사네重ネ(700엔)를 주문한다. 추가 주문으로 참치회인 마구로부츠マグロブツ(700엔), 프라이드 치킨인 카라아게唐揚げ까지 즐긴다.

야마짱에서 가장 유명한 메뉴인 카사네에는 잘게 썬 양파가 듬뿍 올라간다. 카사네만 먹기에는 다소 짠 편이다. 곱창조림이 선술집을 사랑하는 일본인들의 소울푸드라 그런지 늘 화구 위에 한 솥 끓여지고 있다. 바로 옆 화구에서는 카사네에 쓰이는 두부가 역시 한 솥 가득 끓고 있다.

'ㄷ'자 카운터 안에서는 50대로 보이는 남자 주인장이 홀로 열심히 숯불에 생선을 굽고 있었는데 주인장은 손님과의 대화가 없었다. 벽에 걸린 화이트보드에는 매일 바뀌는 주인장 추천의 메뉴가 적힌다. 카운터 위 유리 쇼케이스에 그날 팔 횟감이나 채소 등이 들어가 있다. 야마짱은 1948년 개업한 단층 목조의 노포로, 현재 3대 주인이 운영 중이다.

미남 점원이 2명이나 포진해 있지만 가게 안의 손님들은 100% 아저씨 천국이다. 매우 좁은 점내는 'ㄷ' 자 카운터를 중심으로 앉을 수 있는 테이블 2개가 전부다.

주소 千葉県千葉市中央区南町2-13-6 전화 043−261−0574 영업일 17:00−23:00(일요일, 국경일은 쉼) 교통편 JR 소토보선外房線, 우치보선内房線, 케이요선京葉線 소가역蘇我駅 동쪽 출구東口 도보 6분

니코미에 대한 선입견을 씻어주는 가게!

프리미 바치

Primi Baci 8화

문구점에서 비싼 펜을 사고 나온 타케시는 거리를 걷다가 이탈리아 요리 간판에 시선을 빼앗겨 가게로 들어선다. 가격에 부담을 느끼긴 했지만 타케시는 평일한정 런치 파스타코스를 선택한다. 평일한정 런치 파스타 코스에는 자가제 빵自家製パン이 먼저 나오는데 올리브 오일과 발사믹 식초를 찍어서 먹으면 된다, 참고로 리필이 무료인 점이 반갑다.

타케시는 게와 감자의 테리누, 샐러드, 노란 파프리카 냉스프冷製スープ, 야채와 모차렐라 치즈가 들어간 토마토 스파게티トマトスパゲッティ, 홋또코히를 차례차례 즐긴다.

드라마상에서는 테리누나 냉스프를 받았는데 계절과 가게의 방침에 따라 다른 음식들로 대체된다. 고정된 것은 자가제 빵과 스파게티! 주인공은 커피를 마셨는데 홍차와 커피 중 택일할 수 있다. 아쉽게도 드라마에 등장한 파스타 코스라는 것은 현재 없다. 드라마상에서 먹었던 메뉴들은 그래도 아주 조금씩 변형된 조합과 형태로나마 맛볼 수 있다.

벚꽃이 흐드러지게 피고 날리는 시즌엔 벚꽃 코스, 크리스마스 즈음에는 크리스마스 코스 등을 기간 한정으로 내놓기도 한다.

대형 공원인 이노카시라공원 입구에 정확하게 면해 있어 창가 자리나 외부 테라스 자리에서 공원의 녹음과 햇빛을 만끽할 수 있다. 프리미 바치는 이탈리아어로, 첫 키스라는 뜻이다.

주소 東京都武蔵野市吉祥寺南町1-21-1 井の頭パークサイドビル 2F 전화 050-5868-7426 영업일 월-금 11:00-14:30, 17:00-20:30 / 토, 일, 국경일 11:00-15:00, 17:00-20:30(연중무휴) 교통편 JR 츄오소부선中央・総武線 키치죠지역吉祥寺駅 남쪽 출구南口 도보 5분

이노카시라공원의 햇살을 가장 가까이에서….

〔Primi Baci 오오바야시 제공〕

니쿠노이고타

肉の伊吾田 9화

아내의 부탁을 받고 린스를 사러 나갔다가 일부러 멀리 돌아 상점가를 누비는 타케시는 코롯케 냄새에 이끌려 발걸음을 멈춘다. 그는 냄새를 맡으며 중학교 시절 몰래 먹던 정육점의 코롯케를 떠올렸다. 결국 타케시는 게 크림 코롯케, 치즈코롯케, 야채코롯케, 마츠자카규코롯케, 두부코롯케, 카레코롯케, 스키야키코롯케, 단호박코롯케, 콘크림코롯케 등 20종이 넘는 파생 상품이 있는데도 불구하고 옛날 맛을 잊지 못한다. 그래서 기본적인 맛을 내는, 아무 수식어가 붙지 않는 무카시코롯케昔コロッケ(110엔) 두 개와 소스(20엔) 하나를 구입해 음미한다.

이곳은 싸고 맛있어 지역주민들에게 50년 이상 사랑받는 가게다. 나카노부스킵푸로도中延スキップロード 아케이드 상점가 입구에 위치한 터주대감이다.

코롯케 뿐만 아니라 전갱이나 정어리 튀김, 멘치카츠, 에비카츠, 로스카츠, 히레카츠, 카망베르돈카츠 같은 메뉴도 있다. 개점 시간이 9시지만 9시부터 음식을 팔진 않았다. 그야말로 문 여는 시간이 9시다. 음식을 만나보려면 수십 분은 더 기다려야 할 것 같았다. 할머니께서 기다리고 있는 나를 위해 코롯케를 하나 튀겨주셨다. 튀김은 타이어를 튀겨도 맛있다고 누군가가 그랬다. 할머니께서 방금 튀겨주신 심플한 코롯케는 내 마음을 적셔줄 정도로, 정말 따뜻하고 일상에 감사하게 되는 좋은 맛이었다.

주소 東京都品川区東中延2-10-14 전화 03-3782-2529 영업일 09:00-18:30(수요일, 첫째 주와 셋째 주 일요일은 쉼) 교통편 토큐전철東急電鉄 오이마치선大井町線 나카노부역中延駅 토큐출구1東急出口1 도보 2분

주인할머니의 배려
그리고 착한 코롯케

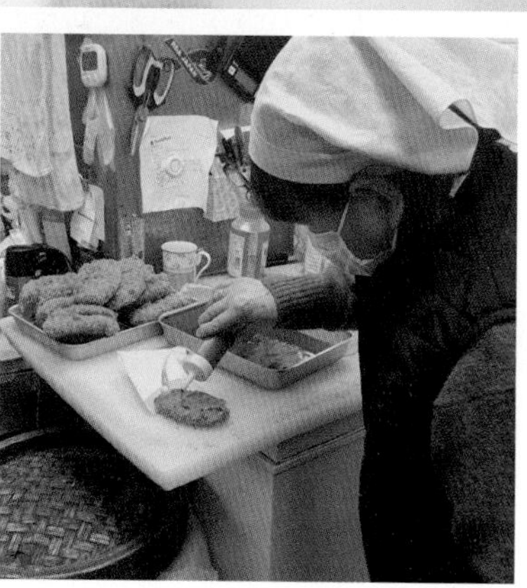

미츠미네

三ツ峰 10화

아내와 영화를 보고 나온 타케시는 아내가 다른 모임에 가버려 홀로 식당을 찾아 돌아다닌다. 그러다 꼬치구이 굽는 냄새를 참지 못해 가게로 들어선다. 그리곤 병맥주와 함께 주인의 추천을 받아 가슴살 꼬치구이인 무네, 껍질 꼬치구이인 토리카와とりかわ(100엔), 염통 꼬치구이인 하츠ハツ(100엔), 연골 꼬치구이인 난코츠なんこつ(100엔), 표고버섯 꼬치구이인 시이타케しいたけ(100엔)를 받았다. 그리고 옆자리 백발 신사의 주문에 힘입어 허파인 후와ふわ 꼬치구이까지 즐긴다. 참고로 이 가게에 무네라는 메뉴는 없다. 3대 점주 예정자인 이토 마코토 씨가 주인공은 가슴살인 무네가 아니라 후와 꼬치구이를 먹었다고 말해줬다.
이 가게를 찾아가기 위해 닛포리토네리라이나日暮里・舎人ライナー를 타고 갔는데 고가철도라 시야가 좋고 강도 건너서 볼거리가 많은 재미난 무인 교통수단이었다. 가게는 2대인 이토 히토시 주인아저씨와 3대 점주 예정인 중년 아들 이토 마코토 씨가 1대 주인으로부터 시작해 50년째 운영하는 가족 가게다. 아드님은 2002년 월드컵 당시 한일월드컵 공동개최임에도 한국에 가서 한국에 있는 지인과 한국을 응원하며 관전했다고 한다. 방랑의 미식가 가이드북을 가지고 오셔서 보여주셨다. 주문하지 않은 주먹밥구이와 니코미가 계속 나오길래 이것이 무어냐 여쭈니 서비스라고 그냥 먹으라고 했다. 벽에 메뉴가 엄청 많이 붙어 있다.

주소 東京都足立区西新井本町1-10-7 전화 03-3898-1681 영업일 16:30- (일요일은 쉼) 교통편 도쿄도교통국東京都交通局 닛포리토네리라이나日暮里・舎人ライナー 코호쿠역江北駅 동쪽 출구 도보 14분 / 토부철도東武鉄道 다이시선大師線 다이시마에역大師前駅 1번 출구 도보 5분

2002년 월드컵 때,
한국에 와서 한국인과
축구를 본 특이한 주인장!

おにやんま
TOKYO

『언젠가 티파니에서 아침을』 속 그곳은…!

いつかティファニーで朝食を

제대로 된 아침밥을 동거 중인 남자친구와 같이 먹고 싶은 게 희망인 스물여덟 살의 직장인 여성 사토 마리코. 하지만 편집자 소타로는 항상 바빠 싸움의 원인이 된다. 그리고 이사까지 고려한다. 마리코는 군마현의 고등학교 친구들인 리사, 노리코, 시오리에게 문자를 보내본다. 하지만 친구들인 리사는 요가 수업, 시오리는 육아, 노리코는 술집에서의 일 등으로 모두 낮밤 없이 스케줄이 바쁘다. 다행히 모두 이른 아침에는 도리어 시간이 있어 맛있는 아침 식사를 약속하고 맛집으로 모이는데….

무로마치카페 3+5(하치)

muromachi cafe HACHI 시즌1 1화

고교 동창생들이 처음으로 모인 가게다. 노리코는 자가제 소시지의 핫도그인 지카세이소세지노홋토독그自家製ソーセージの ホットドッグ, 마리코는 도쿄 달걀 오믈렛인 도쿄타마고오무레츠東京たまごオムレツ, 리사는 제철 야채샐러드인 슌야사이노사라다旬野菜のサラダ, 시오리는 크로크마담을 주문해 즐긴다. 오랜만에 친구들과 수다와 맛있는 음식을 즐긴 마리코는 이제 무심한 남자친구와 헤어져도 괜찮다는 걸 깨닫게 된다.

아쉽게도 주인공들이 먹었던 음식 중 현재 제공되고 있는 메뉴는 리사가 먹었던 제철 야채샐러드인 슌야사이노사라다프레이토(1200엔)밖에 남지 않았다. 이 메뉴는 샐러드, 스프, 리필 무제한인 빵을 기본으로 홍차와 커피 중 택일할 수 있는 런치다. 샐러드에는 고구마칩, 토마토, 양상추, 양배추, 레드비트, 파프리카, 감자, 방울토마토, 콩 등이 들어간다.

가게 이름 3+5는 35세라는 의미로 카페를 개업했을 때 대표인 아키요시 씨와 그의 동료들이 모두 35세여서 이렇게 이름 지었다고 한다. 아침 7시에서 11시 사이에는 커피가 200엔이다. 런치 메뉴(1200엔)는 크게 카레류, 고기류, 파스타류, 샐러드류로 나뉜다.

빌딩의 지하에 있지만 햇빛이 잘 드는 이 가게는 넓은 공간에 나무 소재를 많이 사용한 감각적인 인테리어가 눈길을 끈다. 4번 출구를 채 나가기 전 계단 옆에 카페가 있기 때문에 출근 전 시간 배고픈 샐러리맨을 붙잡아두기에 최고의 입지가 아닐 수 없다. 이곳에서 유명 아이돌 그룹 '아라시'의 멤버 오노군이 치즈케이크를, 아이바군이 가토쇼코라를 먹어서 회자되기도 했다.

주소 東京都中央区日本橋室町4-4-10 東短ビル B1F 전화 050-5593-8231 영업일 평일 07:00-22:00 / 토요일, 국경일 11:00-20:00(일요일은 쉼) 교통편 JR 소부혼선総武本線 신니혼바시역新日本橋駅 4번 출구 나가기 전 계단 옆

분위기 좋고 가격도 좋은 긴자의 아침!

르 팡코티디앙 시바코엔점

le painquotidien 芝公園店　　시즌1 2화

아침 일찍 친구가 일하는 요가연습장에 모인 친구들은 즐겁게 요가를 마치고 아침식사를 하러 리사가 자주 오는 가게로 자리를 옮긴다. 리사는 친구들에게 바게트가 함께 나오는 퀴노아 디톡스 샐러드를 추천한다. 결국 시오리는 하무안도그리에르치즈오무레츠ハム & グリエールチーズオムレツ(1080엔), 노리코는 계절 킷슈인 키세츠노킷슈, 마리코는 엑그베네디쿠토エッグベネディクト(1180엔)와 스프, 리사는 키누아데톡쿠스사라다キヌア デトックスサラダ(1650엔)를 주문한다.

2011년 벨기에 콘셉트로 문을 연 이 베이커리 레스토랑의 이름은 '일상의 빵'이라는 의미다. 전 세계에 무려 240점포 이상의 매장이 있는 브랜드이다.

가게 앞으로는 히비야도리 도로가, 뒤로는 녹지와 함께 도쿄타워가 시원하게 보이는 것이 매력적이다. 천정이 높아 개방감이 넘치는 점내도 좋지만 캐노피가 있는 오픈테라스 자리도 당연 인기다. 가게 입구 좌측으로는 통유리로 된 빵 공방이 있어 빵 만드는 모습을 구경할 수 있다. 밀가루 포대가 수북히 쌓여있는 모습도 볼 수 있다.

개점 30분 전인 7시에 밖에서 대기하고 있으면 빵 굽는 냄새가 식욕을 자극한다. 죠죠지라는 큰절 바로 옆에 위치한 프린스호텔 부지 내에 있다. 그러서인지 가격대는 대체로 높다.

주소 東京都港区芝公園3-3-1 東京プリンスホテル 전화 050-5594-5271 영업일 07:30-22:00(연중무휴) 교통편 토에이지하철都営地下鉄 미타선三田線 오나리몬御成門駅 A1 출구 도보 1분

도쿄타워가 보이는
카페에서 아침을….

오니얀마 신바시점

おにやんま 新橋店 　　시즌1 3화

일을 마치고 남자친구와 사랑만 나누고 떠나는 것에 늘 마음이 좋지 않은 노리코는 가끔 씩은 아침식사라도 하고 퇴근하자고 하지만 남자친구는 오늘도 사랑만 나누고 헤어진다. 노리코는 배꼽시계가 울리자 서서 먹는 음식점에서 홀로 식권을 뽑아 오니기리와 닭고기, 치쿠와튀김이 들어간 토리텐치쿠와텐우동とり天ちくわ天うどん(보통, 590엔)을 주문해 음미하며 흐느낀다.

이 가게는 바쁜 신바시 오피스 지역가의 샐러리맨들을 위해 서서 먹는 우동立ち食いうどん의 개념을 세운 인기 우동집이다. 수타 우동에 방금 튀긴 닭고기, 치쿠와 튀김은 인기 만점의 메뉴다. 닭고기는 큼지막하게 2점이나 들어가 있어 든든하다. 토리텐とり天은 170엔, 치쿠와텐ちくわ天은 140엔의 식권을 따로 사면 더 먹을 수 있다. 우동 국물은 애초에 식권 판매기에 따뜻하게 먹을지 차갑게 먹을지 기재되어 있으니 선택하면 된다. 테이블에 튀김 부스러기나 파가 든 통이 있으니 기호에 맞게 국물에 넣어 먹으면 된다.

가게 이름의 뜻이 장수잠자리라서 노렌暖簾에도 잠자리 그림이 그려져 있다.

우동 가격이 전반적으로 저렴한 편이다. 테이블 밑으로는 직장인들이 가방을 내려놓을 수 있도록 바구니가 놓여 있다. 가게 냉장고에는 엄청난 양의 밀가루반죽이 숙성되고 있다.

주소 東京都港区新橋3-16-23 전화 전화번호는 비공개임 영업일 월–금 07:00–23:00 / 토, 일, 국경일 07:00–15:00 교통편 JR 신바시역新橋駅 카라스모리출구烏森口 도보 2분

서서 먹는 저렴한 우동!
중독 될 것 같아!

자 사도 바가 아오야마 콧토도리점

the 3rd burger 青山骨董通り店 시즌1 6화

요가를 마치고 버거집에 모인 친구들은 리사의 데이트 얘기를 들으며 시끌벅적 맛난 버거를 입에 묻혀가며 즐긴다. 리사와 마리코는 음료로 소송채 스무디인 '자 사도 고마츠나 스무지 the 3rd小松菜 スムージー'를 마셨다.

제 1호점인 이 가게는 진정 신선한 버거라는 컨셉을 지향한다. 버거나 스무디에 소송채가 들어있는 것만 봐도 건강함과 신선함을 내세우는 이 가게의 지향점을 알 수 있다. 기름마저 사람 몸에 좋다는 오리고기가 들어간 햄버거까지 있으니 말 다했다. 점내는 천정이 높고 노출콘크리트 구조라 개방감이 있다. 테라스 자리가 있어 멋쟁이들이 많은 아오야마의 바깥 풍경을 보며 먹는 것도 좋을 듯하다.

이 가게는 2017년 일본드라마 '당신을 그렇게까지는' 1화에서 미츠가 오늘만 먹자며 감자튀김과 커피를 받아가다가 넘어지는 찰나, 옛 첫사랑 아리시마군을 우연히 만난 햄버거집으로도 등장했다.

키오스크로 주문해야 하는데, 일본어를 모르면 어려움이 따를 수 있다. 주문하면 영수증이 나오는데 호출번호가 기재되어 있으니 번호가 뜨면 찾으면 된다.

주소 東京都港区南青山5-11-2 SANWA南青山ビル 1F 전화 03-6419-7589 영업일 09:00-22:00(연말연시는 쉼) 교통편 도쿄메트로地下鉄 긴자선銀座線, 한죠몬선半蔵門線 오모테산도역表参道駅 B1출구 도보 5분

아오야마 거리를 바라보며 햄버거 한 입!

토모로 아카바네2호점

友路有 赤羽二号店 시즌1 10화

아르바이트생 미네타와 노리코가 술집 일을 마치고 맛있게 '믹쿠스모닝구 셋토ミックスモーニングセット(680엔)'라는 메뉴를 즐긴 이곳은 가성비와 풍부한 메뉴로 아침부터 손님들이 끊이지 않는 토모로 아카바네 2호점이다.

믹스모닝은 귀여운 샐러드, 삶은 달걀 하나, 커피, 슬라이스된 햄이 든 토스트 2장, 유부가 든 스프로 구성된다. 커피는 도자기 주전자에 나와서 직접 잔에 따라야 한다. 크림 2개와 종이 스틱에 든 설탕 3개도 같이 나온다.

편안히 오랜 시간 머무르라고 6종의 일간신문과 6종의 잡지를 구비하고 있다. 공간도 비교적 넓다. 가게가 2층에 자리하고 있기 때문에 창가 쪽에 앉으면 아카바네역으로 향하는 출근길 도쿄인들의 모습을 여유롭게 내려다볼 수 있다. 젊은 여성이 메이드복 비슷하게 입고 서빙하는 점도 이색적이다. 테이크아웃이 가능한 가게다.

오전 6시 30분부터 11시 30분 사이에는 각종 토스트류,수제 카레라이스, 생선구이 정식, 주먹밥인 오니기리와 같은 모닝 메뉴를 주문할 수 있다. 파르페, 핫케이크, 푸딩, 크레이프 등의 디저트도 인기다. 바쁜 직장인 손님이 대부분인 가게라 그런지 화장실에 면봉과 가글이 구비되어 있는 점이 흥미롭고 충전을 자유롭게 할 수 있는 점도 친절 포인트다.

주소 東京都北区赤羽1-10-2 2F 전화 03-5939-7657 영업일 06:30-23:00, 아침식사 06:30-11:30(전일 아침식사 영업), 점심식사 11:00-15:00(월-토만 점심식사 영업 운영)(연중무휴) 교통편 JR 케이힌토호쿠선京浜東北線, 쇼난신쥬쿠라인湘南新宿ライン, 사이쿄선埼京線 아카바네역赤羽駅 북쪽 출구北口 도보 2분

아카바네 직장인들을 내려다보며
느긋한 아침 식사의 여유를….

Tokyo

『더 택시반점』 속 그곳은…!

ザ・タクシー飯店

메론빵 장사를 하다가 망하고 이혼해 혼자 사는 개인택시 운전수인 중년의 하치마키 코타로는 택시운전을 하며 이런저런 손님을 태운다. 그러면서 종착지에서 맛난 간식을 사기도 하고 음식을 손님과 함께 먹기도 하는 등, 좁은 공간이지만 즐거운 택시운전 생활을 한다. 그 중에는 자신이 가야할 곳을 모르는 특이한 손님이나 취객 등이 승차하는데 그는 이것도 만남의 연속이라며 맛있는 음식을 먹고 그 괴로움과 즐거움을 해소한다.

세키네 아카바네점

セキネ 赤羽店 1화

아내의 출산 현장에 가는 것이 중요할지 회사의 회의에 참석하는 것이 중요할지를 결정하지 못해 망설이는 특이한 손님을 아카바네에 내려주고 뭘 할까 고민하던 개인택시 운전수 하치마키 코타로는 세키네의 슈마이를 생각해내고 슈마이シュウマイ 10개들이 한 상자(560엔)를 구매해서 세키네 아카바네점을 나선다. 그리고 어디서 먹으면 좋을지 자리를 물색한다. 어느 공용 화장실 앞에서 자리를 잡은 그는 슈마이를 꺼내 변함없이 맛있다며 천천히 음미한다. 그리고 아카바네에 가길 잘했다는 생각을 한다.

세키네 아카바네점은 지점으로, 1954년 개업한 본점은 아사쿠사에 있다. 코타로가 산 상자를 열어보면 세키네의 특제 간장소스와 공산품 와사비가 들어있다. 참고로 슈마이의 유통기한은 불과 2일이다. 세키네 아카바네점의 카운터에는 슈마이 10개, 15개, 20개, 30개들이 등 선물세트로 예쁘게 포장된 녀석들이 준비되어 있다. 슈마이와 함께 둥그런 고기만두인 니쿠망肉まん이 세키네의 인기 품목이다.

세키네 점포 실내는 만두집이라곤 생각되지 않을 정도로 깔끔하다. 외관도 유럽의 중세 건물 같은 느낌을 준다.

주소 東京都北区赤羽1-11-1 전화 03-3902-0011 영업일 10:30-20:00(비정기적 휴무)
교통편 JR 사이쿄선埼京線, 케이힌토호쿠선京浜東北線, 쇼난신쥬쿠라인湘南新宿ライン 아카바네역赤羽駅 동쪽 출구東口 도보 3분

달고 짭쪼름한 슈마이
너란 녀석은….

마루후쿠

丸福 1화

개인택시 운전수 하치마키 코타로는 세키네의 슈마이를 생각해내고 구매해서 가게를 나선다. 그리고 어디서 먹으면 좋을지 자리를 물색하다가 마루후쿠丸福의 쇼케이스 음식을 보고 군침을 다시며 가게로 들어선다. 옆자리의 사람들이 만두餃子(500엔)와 맥주, 햄에그인 하무엑그ハムエッグ(700엔)를 먹는 것을 보고 자신은 뭘 먹을지 고민하는 코타로. 결국 메뉴판을 보다가 이 집의 가장 대표메뉴이자 특색 있는 볶음밥인 챠항チャーハン(650엔)에 목이버섯계란볶음인 키쿠라게다마고이타메キクラゲ 卵炒め(800엔)까지 주문한다. 코타로는 단 맛이 양파에서 난다며 신기해한다. 키쿠라게다마고이타메에는 당근과 숙주도 들어간다. 코타로는 어렸을 적 싫어했지만 어른이 되고나서는 목이버섯이 좋아졌다며 흡족해한다. 이 집의 챠항은 밥 위에 잘게 다진 고기가 올라간 모습이 특징이다. 택시운전사 역할을 한 배우의 사인과 함께, 주인장이 같이 찍은 사진을 액자로 만들어 장식했다. 드라마의 한 장면을 캡처한 코팅지도 붙여놨다. 가게 이름은 복이 들어오라는 의미로 지었다고.

참고로 이 가게는 가미시라이시 모네 주연의 일본드라마 '오! 마이보스 사랑은 별책으로' 9화에서 카메라맨 준노스케가 쇼유라멘을, 출판사 편집부원 료타가 미소라멘을 먹은 배경지로도 쓰였다.

주소 東京都板橋区前野町4-17-2 전화 03-3960-3986 영업일 11:00-15:00, 17:00-21:30(비정기적 휴무 있음) 교통편 토에이지하철都営地下鉄 미타선三田線 시무라사카우에역志村坂上駅 A2출구 도보 10분

절대 배신감을 주지 않는 유일의 메뉴! 챠항!

케이슈

慶修 2화

이혼서류를 내러 가는 손님을 태운 코타로. 부부끼리 티격태격 하는 사이 남편은 뜬금없이 배가 고프다며 밥을 먹자고 한다. 아내는 어이없어하지만 코타로는 무슨 일인지 가까운 곳에 중화요리집이 있다며 안내해 들어선다. 고민 끝에 부부는 볶음밥인 챠항チャーハン(600엔)과 탕수육인 스부타酢豚(1100엔)를, 코타로는 챠슈멘チャーシュー麺(850엔)을 주문한다. 하지만 코타로는 주방장이 스부타를 만드는 모습을 보고 군침을 다신다. 하지만 챠슈멘チャーシューメン으로 결정하길 잘했다고 생각할 만큼 맛있게 음미한다. 고기가 듬뿍 들어간 2200엔의 특제 차슈를 먹지 못한 것을 후회할 정도였다. 한편 이혼 위기의 남편은 아내에게 스부타를 먹어볼 것을 권하고 아내는 마지못해 먹어보는데 너무 맛있어서 이혼하려던 기분이 풀린다.

케이슈는 케이코 씨와 슈이치 씨가 운영하던 가게인데 이름의 앞 글자를 따서 케이슈가 점포명이 되었다. 4인 테이블 4개와 3명이 앉을 수 있는 카운터석이 전부로 점내는 작다. 1972년 창업한 케이슈는 현재 아들도 함께 운영하고 있다.

1972년 창업한 노포로 가게의 빛바랜 코카콜라 콜라보레이션 간판이 가게의 오랜 역사를 말해준다. 점심시간에는 매주 바뀌는 A 런치와, 손님이 밥과 면 요리 중 선택할 수 있는 B 런치가 있어 선택이 쉽다.

주소 東京都板橋区東新町1-4-10 전화 03-3955-4718 영업일 11:00-20:00 수요일, 제3화요일은 쉼 교통편 토부철도東武鉄道 토부토조선東武東上線 토키와다이역ときわ台駅 남쪽 출구南口 도보8분

오래된 코카콜라 간판이 시선을 끄는 중화요리 맛집

〔 케이슈 유노키 신야 제공 〕

원조 하루핑

元祖ハルピン 3화

늦은 밤, 다소 퉁명스런 간호사를 손님으로 태운 코타로. 간호사는 갑자기 만두 잘 하는 집 아냐고 대뜸 물어본다. 먹는 것에 모르는 것이 없는 코타로는 고소하고 바삭한 껍질이 고소하고 육즙이 팍 터지는 맛있는 미타카의 어느 한 집을 추천한다. 간호사는 바로 그곳으로 향하자고 한다. 이들은 부추 군만두와 샐러리 군만두 그리고 새우 물만두, 오징어 물만두를 주문한다.
참고로 이 가게는 수제 만두로서 새우만두인 에비교자エビ餃子(580엔), 부추만두인 니라교자ニラ餃子(530엔), 치즈 만두인 치즈교자チーズ餃子(580엔), 피망 만두인 피망교자ピーマン餃子(530엔), 표고 만두인 시이타케교자椎茸餃子(530엔), 셀러리 만두인 세로리교자セロリ餃子(580엔), 오징어만두인 이카교자イカ 餃子(580엔)가 있다. 군만두로 먹을지 물만두로 먹을지 선택할 수 있다. 코타로와 간호사는 칭타오맥주青島ビール로 우선 목을 축인다. 그리고 차사이를 음미한다. 하루핑은 1982년부터 가게를 이어오고 있다. 하루핑은 중국의 하얼빈을 일본식으로 부르는 것인데, 하얼빈은 주인아주머니가 태어난 고향이라 이렇게 이름을 지었다고 한다. 점내에서는 중국음식점으로서는 특이하게 마이클 잭슨의 '빌리진'을 틀어주고 있었다.
한편 이 가게는 일본드라마 '와카코와 술' 시즌4 2화에서도 등장했다.
"반짝반짝한 간장 색! 아, 부드러워. 고기가 입안에서 녹아"
직장의 남자직원들이 요즘은 음식점에서 가볍게 한 잔 하는 게 유행이라는 대화를 듣고 와카코는 라멘 집에서 가볍게 한 잔 하고 가겠다고 생각해 한 가게를 발견하고 들어선다. 그녀는 옆 손님이 먹던 라면의 두꺼운 돼지고기 카쿠니를 보고 돼지고기 조림인 부타노카쿠니豚の角煮(710엔) 소를 주문한다. 와카코는 칭타오맥주青島ビール(450엔)를 마시는 한편, 물만두인 스이교자를 추가 주문한다. 정확하게는 부추물만두인 니라스이교자ニラ水餃子다. 다카라주조의 소흥주紹興酒로 입안을 헹군 와카코는 쫄깃한 부추물만두의 껍질에 감탄한다.

좁은 카운터석이지만 칭타오와 만나기에 부족함이 없다.

주소 東京都三鷹市下連雀3-31-9 전화 0422-47-2807 영업일 11:30-14:00, 17:00-22:00(월요일, 화요일은 쉼) 교통편 JR 츄오혼선中央本線 미타카역三鷹駅 남쪽 출구南口 도보 6분

타이가

Tiger

4화

오랜만의 휴일인데 친구와 정처 없이 드라이브를 하게 된 상황이 웃픈 코타로. 이상한 공업지대를 달리다가 어느 가게에 멈춰 선다. 코타로는 가게에서 야키소바焼きそば를 먹는 손님에게 시선이 쏠렸다가 셀 수없이 많은 메뉴 중에 타이가동タイガー丼(800엔)이라는 메뉴에 놀란다. 그래서 주문했던 카레라이스カレーライス(680엔) 중 하나를 취소하고 궁금한 타이가동을 주문한다. 카레라이스를 주문하면 절임반찬의 하나인 후쿠진즈케福神漬け가 접시 한 쪽에 함께 나오는데 코타로의 친구는 옛스러우면서 행복한 맛이 난다며 좋아한다. 타이가동에는 숙주, 강낭콩, 고기, 나루토마키 등이 들어가는데 맑은 스프와 백김치가 반찬으로 조금 나온다. 필자가 갔던 날은 반찬으로 단무지가 나왔다.

한편, 돈카츠의 바삭함에 매력을 느끼는 코타로는 달걀말이 안에 볶은 고기를 넣어 감싼 오무레츠オムレツ까지 주문해 즐긴다. 주인 할머니가 '히야시츄카冷やし中華' 라는 냉라면 메뉴종이를 벽에 붙이는 것을 보고 라면까지 주문한 터였다.

택시 운전사역을 맡은 주연배우 시부카와 키요히코의 사인과 가게 외관을 배경으로 찍은 드라마 포스터가 가게 한쪽을 장식하고 있다. 1968년부터 부부가 개업해 이어오고 있는 노부부 경영의 노포다. 주방 한 가운데 오래된 검은 전화기를 두고 배달 주문전화를 받는 모습이 신선하다. 점내에 큰 칠판에 약 100여가지 메뉴들을 마주하면 선택장애가 오기 십상이다.

주소 東京都大田区西六郷2-51-16 전화 03-3733-3646 영업일 10:30-20:00(수요일은 쉼) 교통편 케이힌큐코전철京浜急行電鉄 케이큐혼선京急本線 조시키역雑色駅 서쪽 출구西口 도보 12분

주택가의 끝자락!
경마에 빠진 손님과 주인장!
그리고 호랑이!

호카엔

寶華園

5화

고향으로 돌아가는 청년을 카마타역에 내려준 코타로는 카마타역 주변을 거닐다가 어느 한 중화요리집으로 들어선다. 그리고 다른 사람이 주문한 차푸수이チャプスイ라는 음식이 궁금해 메뉴를 다시 확인한다. 하지만 결국 고모쿠야키소바五目焼きそば(680엔)와 니쿠단고肉団子(소, 650엔)를 주문한다. 차푸수이가 뭔지 코타로가 주방장에게 물어본 이유에선지 주방장은 차푸수이チャプスイ를 맛볼 수 있도록 작은 접시에 내어줬다. 참고로 호카엔에는 새우가 들어간 차푸수이인 에비차푸수이 정식(800엔)과 돼지고기가 들어간 부타니쿠 차푸수이(800엔)가 있다. 차푸수이의 맛은 나포리탄에서 면만 없다고 생각하면 쉽다고 주인장이 직접 드라마에서 대사를 하기도 했다. 차푸수이를 먹어 배가 더 고파진 코타로는 메추리알, 양배추, 햄, 버섯, 새우, 고기 등이 들어간 고모쿠야키소바를 음미한다. 택시에 태웠던 청년의 추천대로 야키소바에 식초를 둘러 먹어보는 코타로. 니쿠단고를 받는데 이 음식은 으깬 고기를 튀긴 후 다시 볶은 고기완자다. 코타로는 볼륨만점이라며 만족한다.

이 가게는 1965년 개업한 노포로, 2대째인 아들이 아버지가 돌아가신 후 어머니의 도움을 받아 40년을 함께 운영하고 있다. 카운터석에 앉으면 좁은 주방에서 홀로 음식을 만들며 고군분투하고 있는 주인장의 모습을 엿볼 수 있다.

가게 2층은 단체나 가족들이 주로 이용한다. 가게 1, 2층 모두 연예인들과 함께 찍은 사진이 벽에 가득 걸려 있다. 테라지마 시노부 주연의 일본영화 '부드러운 생활'을 이곳에서 촬영했는데 어머니가 직접 주인공에게 서빙하며 출연하기도 했다고 한다.

주소 東京都大田区蒲田5-10-1 전화 03-3734-4440 영업일 11:30-15:00, 17:30-21:00 일요일은 쉼 교통편 JR 케이힌토호쿠선京浜東北線 카마타역蒲田駅 동쪽 출구東口 도보 3분

끈적한 소스 아래, 고소한 소바면이 얼굴을 내비치다.

야시마

や志満 6화

택시 뒤에 가방이 보여 이상하게 여긴 코타로는 트렁크를 열고 초등학생이 숨어 있는 것을 보고 놀란다. 하지만 초등학생은 어쩐 일인지 집으로 돌아가려 하지 않고 어쩔 수 없이 배가 고파져 꼬마 녀석과 같이 식당에 간다. 꼬마녀석은 양파, 피망, 닭고기 등이 들어간 치킨라이스チキンライス(800엔)에 오렌지 쥬스를, 코타로는 계란과 야채를 넣고 볶은 타마고이리야사이이타메라이스 셋토卵入り野菜炒めライスセット(700엔)를 주문해 맛있게 음미한다.
이집의 치킨라이스에는 토마토가 올라가고 맑은 스프가 함께 나온다. 주택가에 한적하게 위치한 야시마는 가게 입구 오른편으로 유리 쇼케이스가 있어 메뉴 선택이 간단해 보이지만 쇼케이스에 보이지 않는 실제 메뉴는 100가지가 넘는다. 가게의 이름은 이 지역이 옛 지명이 '야시마'였던 것에 착안해 지어졌다. 1967년 개업한 노포다. 카운터석에 앉으면 주방에서 일하는 남 직원들의 요리 모습을 지켜볼 수 있다.
야시마는 2019년 방영된 타카하타 미츠키 주연의 드라마 '동기의 사쿠라'에서 주인공 사쿠라의 친구인 렌타로(오카야마 아마네)의 집으로 빈번하게 등장한 가게이기도 하다. 자신만의 사고와 신념이 확고해서 도리어 사고를 치고 다니는 건설사의 신입사원 사쿠라는 동기인 렌타로를 설득하기 위해 찾아오다가 엉뚱하게도 그만 이 집 라멘의 팬이 되어 라멘을 먹고 있는 걸 렌타로에게 들키는 장면이 있었다.

주소 東京都中野区南台5-9-16 전화 03-3381-4317 영업일 11:30-22:00(월 2회 부정기적 휴무 있음) 교통편 도쿄메트로東京メトロ 마루노우치선丸ノ内線 호난쵸역方南町駅 2번 출구 도보 7분

치킨라이스! 짐이 먹는데 누가 어린이 소리를 내었는가?

에이라이켄

栄来軒 7화

정년퇴직을 하고 택시를 타고 집으로 돌아가는 쓸쓸한 남자가 뜬금없이 42년간 먹지 않았던 마파두부를 같이 먹지 않겠냐는 제안을 코타로에게 한다. 코타로는 가까이 좋은 중화요리집이 있다며 안내해 들어간다. 그들은 마파두부인 마호도후麻婆豆腐(770엔)를 즐기고 새우가 들어간 볶음밥인 에비챠항海老チャーハン(900엔)도 즐긴다. 새우가 어디 갔지? 의문을 품고 밥을 파보면 안에 동그란 새우가 8마리 정도 나온다. 두부를 완전히 부셔서 시각적인 효과가 덜한 에이라이켄의 마파두부는 코타로가 찐빵인 무시팡蒸しパン에 싸서 먹는 법을 손님에게 알려주기도 한다.

이곳의 마파두부는 수분이 거의 없어 마치 마른 두부된장 같은 느낌마저 준다. 주인공들은 마지막으로 가리비와 달걀을 함께 볶은 호타테타마고ホタテ卵와 만두에 가까운 슈마이シュウマイ(3개, 450엔)까지 음미한다. 1층은 주방으로 쓰고 2층을 손님들의 공간으로 쓴다.

1957년 개업한 에이라이켄은 노부부가 운영하는 가게로 할아버지가 직접 음식을 만들고 할머니는 서빙을 담당한다. 두 분은 드라마에도 직접 출연했다. 가게 이름은 모두 번영 · 번창하자는 의미에서 지었다고 한다. 필자에게 가게를 소개하고 사진도 찍게 허락해주신 노부부 주인장 두 분에게 감사하다. 다만 할아버지의 움직임을 보니 건강이 심히 걱정됐다.

주소 東京都台東区北上野2-2-4 전화 03-3841-4175 영업일 11:30-14:00, 17:00-20:30(화요일은 쉼) 교통편 도쿄메트로東京メトロ 긴자선銀座線 이나리쵸역稲荷町駅 3번 출구 도보 7분

노부부의
중화요리에 대한
진심!
건강하세요!

안라쿠

安楽 8화

이혼한 부인을 우연히 손님으로 태운 코타로는 목적지에 내려주고 전처가 회의를 마치고 돌아올 때까지 그 자리를 지키고 있었다. 그리고 전처가 나오자 점심이나 먹자고 제안하고 전처와 데이트 했었던 중화요리집으로 함께 향한다. 코타로는 라멘ラーメン과 타마고메시셋토卵飯セット(750엔)에 고기튀김인 니쿠텡肉天(1600엔)을, 전처는 치킨라이스チキンライス(700엔)를 주문한다. 코타로가 라멘을 맛보기하라며 전처에게 조금 주자, 전처는 심플한 맛이라 안심이 된다며 만족해한다. 전처가 주문한 치킨라이스는 마치 럭비공같이 생겼다. 완두콩 몇 알을 올린 것이 색감으로써는 포인트다. 음식을 먹고 전처와 옛날이야기를 하며 작은 오해들을 풀어나가는 코타로. 그가 먹었던 계란밥은 안라쿠에서 일하던 아르바이트생이 계란밥에 김, 파 등을 넣고 간장과 고추기름을 두르고 먹은 것이 힌트가 되어 메뉴가 된 녀석이라고 한다.

이 가게는 1966년 지금 주인장의 아버지가 이케부쿠로에서 창업한 가게다. 미타카시로 이사 온 것은 1974년의 일이라고 한다. 현재는 60세인 2대 점주 야마다 세이이치가 운영 중이다. 오후 2시에서 6시 사이에 식사하면 식후 커피 혹은 안닌도후杏仁豆腐 중 택일로 서비스를 받을 수 있다.

주소 東京都武蔵野市中町1-10-5 전화 0422-54-5533 영업일 11:00-22:00(일요일은 쉼) 교통편 JR 츄오소부선中央総武線 미타카역三鷹駅 북쪽 출구北口 도보 5분

가게 이름처럼 편안하고 즐거운 맛!

丸平食堂
☎396-3188
営業中

『비뚤어진 여자의 혼밥』 속 그곳은…!

ひねくれ女のボッチ飯

편의점에서 일하는 20대 초반 아웃사이더 여성 카와모토 츠구미는 남자친구에게 전화 통화로 자신은 새로운 여자가 생겼다는 이별통보를 받는다. 그녀는 의기소침해 있다가 우연히 화이트 호스라는 아이디를 쓰는 자의 sns 음식 사진을 보게 된다. 자신의 처지와 비슷한 화이트호스의 글에 츠구미는 호기심이 생겨 화이트 호스라는 남자가 먹었던 그 음식의 식당으로 무작정 찾아간다. 그리곤 화이트 호스가 먹었던 음식을 똑같이 자신도 음미한다. 그리고 백마탄 왕자의 인스타그램을 팔로우하며 차례차례 그의 음식들을 정복해 나간다.

마루히라식당

丸平食堂 2화

편의점에서 전 직장의 지인을 만난 츠구미는 지인이 지난 번 자신을 무시하고 오늘도 자신을 무시하는 통에 비뚤어져 있다. 그렇게 심드렁하게 일을 마치고 집에서 쉬고 있던 차에 인스타그램에 백마 탄 왕자가 먹은 쇼가야키니쿠 정식生姜焼き肉定食(850엔) 사진이 뜬다. 어김없이 가게로 출동해 쇼가야키니쿠 정식을 음미하는 츠구미. 이 정식은 양배추가 돼지고기 볶음과 한 접시에 나오고 단호박이 반찬으로, 국으로는 미소시루가 나온다.
이 가게는 메뉴가 매우 다양하다. 새빨간 캐노피에 적힌 점포명이 멀리서도 인상적으로 보인다. 속이 훤하게 보이는 냉장고 안으로 그릇에 담긴 반찬들이 기다리고 있다. 1977년 개업한 가게이니 그럴 만도 하다. 중년의 남성이 주방장을, 나이 지긋하신 할머니가 서빙을 담당하시고 계신다.
이 가게는 'GTO'라는 일본드라마로 한국에서도 유명한 소리마치 다카시의 2022년 일본드라마 '올드 루키' 1화에서 몰락한 축구선수 신마치 료타로와 그를 영입하려는 매니지먼트사 사장의 눈물 젖은 식사장면에 등장했다. 신마치 료타로는 고기구이인 야키니쿠 정식을, 사장은 돼지김치인 부타기무치 정식을 눈물을 머금고 즐겼다.

주소 千葉県市川市南行徳4-3-5 전화 047-396-3188 영업일 08:00-21:00(일요일 및 셋째 주 토요일은 쉼) 교통편 도쿄메트로 토자이선東西線 미나미교토쿠역南行徳駅 남쪽 출구南口 도보 13분

단순한 고기를 극상의 맛으로 끌어올린다!

산토쿠

三德 3화

오늘따라 유난히 진상 손님이 많아 스트레스가 쌓여 비뚤어진 츠구미. 옷을 갈아입으려는 찰나 백마탄 왕자의 술집 음식 사진이 뜬다. 술집이라 그렇지만 츠구미의 발길은 가게로 향한다. 그리고 이 집의 오리지널 술인 시타마치 하이보루下町ハイボール(350엔) 술을 시작으로 구운 고기 경단인 니쿠단고肉団子(210엔, 소금맛), 감자 샐러드인 포테토 사라다ポテトサラダ(350엔), 구운 간인 아부리레바炙りレバー(680엔), 내장졸임인 모츠니코미もつ煮込み(550엔)를 차례차례 즐긴다.

대표메뉴인 모츠니코미는 큰 냄비에 계속 작은 불로 익히다가 주문이 들어오면 뚝배기에 화끈하게 끓여서 익혀주는 스타일이다. 그래서 미리 오래 끓여놓지 않아 고기가 질기지 않고 뜨끈뜨근하다. 그리고 야채가 전혀 들어가지 않아 오롯이 곱창의 맛만 느낄 수 있다. 곱창 이외에 들어가는 것이라곤 곤약밖에 없을 정도다. 창업 이후 계속 이러한 스타일을 고집하고 있다. 모츠니코미나 니쿠단고에는 접시 한 쪽에 겨자 소스가 나오니 기호에 맞게 먹으면 된다. 필자는 깜빡하고 소금이 아닌 양념으로 잘못 주문해 음미했다. 독자분들은 소금맛의 니쿠단고를 즐겨보길 바란다.

이 가게는 남동생 3명을 부양하는 누나의 사랑이야기를 그린 인기 여배우 아리무라 카스미 주연의 2020년 일본드라마 '누나의 애인' 1화에서 주인공들의 회식장소로 등장하기도 했다.

주소 東京都江東区常盤2-11-1 新光社ビル 1F 전화 03-3631-9503 영업일 17:00-24:00(일요일, 국경일은 쉼) 교통편 토에이지하철都営地下鉄 신쥬쿠선新宿線, 오에도선大江戸線 모리시타역森下駅 A7출구 도보 5분

꽃보다 고기경단!

쿠로푸쿠루아

クロープクルア 5화

손님으로부터 먹어보지 않아서 콩떡이 맛있는지 맛없는지 모르겠다고 대답한 츠구미는 점장에게 그런 응대는 안 된다며 혼난다. 그렇게 비뚤어진 츠구미는 아사쿠사의 가미나리몬과 나카미세도리 상점가를 어슬렁거린다. 그러다 백마 탄 왕자가 올린 인스타의 집으로 향한다. 그리곤 태국 북부 치앙마이에서 유명한 매운 카레 쌀국수인 카오소이カオソイ(1100엔), 디저트인 타피오카 크레이프 아즈키이리 코코낫츠 아이스タピオカクレープ あずき入りのココナッツアイス(540엔), 달달한 후르츠 쥬스 칵테일을 즐긴다. 카오소이는 육수와 코코넛 밀크 그리고 카레 분말 등을 넣어 끓인 국수 음식이다.

츠구미처럼 고수 섭취가 불가능한 분들은 제거하고 먹자. 조미료가 4가지가 나오니 취향에 맞게 첨가하면 된다. 츠구미처럼 달고 차가운 코코넛 아이스로 매운 속을 달래면 좋을 것이다. 쫄깃한 피 안에 팥이 들어가 달달한 타피오카 크레이프는 두 점 나온다.

드라마에 관해 이야기 하자, 여직원은 주인공에게 받은 사인지를 가지고 나오셨다. 벽에는 '비뚤어진 여자의 혼밥' 드라마 엽서가 붙어 있다. 태국어인 가게의 이름은 가족이라는 뜻으로 2001년 개업했다. 아사쿠사의 다른 자리로 2023년 이전했다.

주소 東京都台東区駒形2-6-3 ゴールドホース伊東 1F 전화 03-3847-3461 영업일 11:30-14:30, 17:30-21:00(월요일 저녁 및 화요일은 쉼) 교통편 도쿄메트로東京メトロ 긴자선銀座線 아사쿠사역浅草駅 4번 출구 도보 8분

태국요리의 아사쿠사 연착륙! 성공!

헤이죠엔

平壌苑 6화

같이 일하던 참견쟁이 아줌마 사나에 씨가 정작 알바를 그만 두고 짐을 싸서 떠나는 날, 츠구미는 뭔가 아쉬운 감정이 든다. 그렇게 약간 우울해 있던 차에 백마 탄 왕자의 음식 사진이 올라온다. 그녀는 내장에 빨간 양념이 발라진 마루쵸マルチョウ, 보통 등급의 가루비カルビ(1200엔), 소고기 부채살인 미스지みすじ(2250엔)를 구워 먹는다. 고기별로 특상, 상, 레귤러 등급으로 나눠진다. 고기를 올려 1분 뒤 한번 뒤집고 1분 익히면 벌써 다 익는다. 반찬은 아무 것도 나오지 않는다. 가루비를 주문하면 검은 양념국물만 조금 나올 뿐인데 고기에 애초에 양념이 되어 나온 것이다. 가루비의 식감은 정말 부드럽고 맛있다. 계산을 하고 나면 점원이 해태 껌을 하나 준다.
말고기 육회나 생간 등의 메뉴가 특이하다. 가게 한 벽에는 연예인들의 사인이 많이 붙어 있다. 이 가게가 있는 지역 일대에는 야키니쿠집이 많은데 2차 세계 대전 직전, 아라카와 방수로 건설공사에 종사했던 재일교포 후손들이 아다치구 아라카와강변 일대에 아직도 많이 살고 있는 것과 무관치 않다고 한다. 이 가게 헤이죠엔 역시 북한의 수도 평양을 일본식으로 발음한 것이다. 이 가게로 오기 위해서는 닛포리토네리라이너라는 무인 미니 전차를 타야하는데 높은 고가철도에서 내려다보는 도쿄 외곽의 마을을 보는 작은 재미가 있다.

주소 東京都足立区扇1-22-4 전화 03–3898–7716 영업일 17:00–23:00(월요일은 쉼) 교통편 도쿄도교통국東京都交通局 닛포리토네리라이나日暮里·舎人ライナー 오기오하시역扇大橋駅 동쪽 출구東口 도보 4분

나는 오늘 인간 화력발전소다!

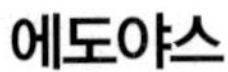

에도야스

江戸安 7화

츠구미는 꿈에 대해 사나에 씨와 의견을 나눴다. 그러던 찰나, 백마 탄 왕자의 인스타 글이 올라온다. 츠구미는 인스타의 가게를 찾아오는데, 가게 앞 간판에 붙여진 싼 가격표에 깜짝 놀란다.

그녀는 나마그레이프하이로 목을 축이고 주인장의 추천을 받아 부시리인 히라마사ヒラマサ, 송어인 사쿠라마스サクラマス, 달걀김말이인 타마고마키卵巻き(50엔), 소금과 식초로 간을 한 고등어인 시메사바しめ鯖(100엔), 전갱이인 아지あじ(100엔), 금눈돔인 킨메金目, 참치의 대뱃살인 오오토로大トロ(300엔), 붕장어인 아나고즈시穴子寿司(1000엔)를 차례차례 음미한다. 그리고 서덜국인 아라지루あら汁(300엔)까지 마시며 흡족해한다. 참고로 아나고즈시는 한 끼 밥이 될 정도로 양이 엄청나니 주의하자. 카운터석 오른편 뒤로 커다란 수조가 있어 곧 식탁에 오를 물고기들의 유영을 바라보는 재미가 있다. 아버지 타카자와 아키오 씨와 어머니인 타카자와 쵸 씨 그리고 아들인 타카자와 야마토 씨 부부가 함께 운영하고 있다. 가게 밖에 메뉴와 가격 안내판이 커다랗게 있어 반가운 가게다. 단, 강제 기본 반찬인 오토시는 반갑지 않다. 가게는 술집이 많이 모여 있는 술고래 골목길이라는 뜻의 논베요코쵸에 위치해 있다.

주소 東京都葛飾区立石7-1-8 전화 03-3695-6973 영업일 월-토 17:00-23:00(일요일 및 공휴일은 쉼) 교통편 케이세이전철京成電鉄 오시아게선押上線 타테이시역立石駅 북쪽 출구北口 도보 3분

가게 이름만큼이나 저렴한 에도야스! 술고래 거리의 아지트.

『실연밥』 속 그곳은…!

失恋めし

사랑을 시작하는 방법은 여러 가지! 사랑을 끝내는 방법도 여러 가지! 하지만 어떻게 그 사랑이 귀결되던 인간은 배가 고프다. 하나의 사랑이 끝났을 때에도 힘을 내게 해준 건 바로 밥의 힘이었다.
주인공 키미마루 미키는 위와 같은 생각을 가지고 있는 여성 만화가다. 그녀는 무료 배포 신문 STO통신에 원고를 기고하며 살고 있는데 실연당한 사람을 찾아 그 스토리를 듣고 실연당한 사람이 먹는 메뉴를 똑같이 따라서 먹는다. 실연을 당했다고 해도 먹지 않는 이상 아사할 사람들은 대체 뭘 먹으며 아픔을 극복할까? 보는 사람마다 실연할 예정이 없냐고 묻는 괴상하고 귀여운 그녀의 취재를 따라 맛집으로 출발하자!

이토

いとう 1화

실연당한 사람과 밥에 대한 기사를 쓰기 위해 골몰하던 키미마루는 신사에서 소원을 빌다가 실연당한 것 같은 여자를 보고 미행해 어느 식당까지 들어간다. 키미마루는 실연녀가 주문한 사바노미소니さばの味噌煮定食(950엔)를 똑같이 주문하고 실연녀의 이야기를 이끌어내게 된다. 사바니는 실연녀가 좋아하던 남자와 함께 자주 먹었던 음식이었던 것이다. 실연녀의 이야기는 둘째 치고 고등어조림이 너무 맛있어서 키미마루는 눈이 휘둥그레. 실연녀 역시 언제 차였냐는 듯, 양념만으로도 밥을 먹을 수 있겠다며 흥분한다.

주인공이 먹었던 메뉴를 주문하자 쌀밥이 나오기에 다 먹은 뒤 남자 주인에게 물으니 보리밥이 아주 미량 들어있다고 한다. 전혀 눈치채지 못할 정도의 양이었나 보다. 고등어 된장조림인 사바니는 겉보기에는 검게 생겨 비호감이지만 맛은 진정한 밥 도둑이다. 사바니미소니정식에는 유부가 들어간 된장국이 나오고 당근무침과 백김치, 샐러드가 개별 그릇에 담겨 쟁반채로 나왔다. 날에 따라 반찬은 바뀐다.

이 집의 명물 고등어된장조림정식의 라이벌로는 고등어소금구이정식이 있다.

바쁘지 않은 저녁 장사는 남자 주인이 거의 운영하고 바쁜 점심은 부부가 같이 운영한다고 한다. 카운터석과 몇 개의 테이블 석이 전부인 작은 가게지만 매우 깔끔하다. 커다랗고 파란 건물 외부의 캐노피가 눈에 띈다.

주소 東京都新宿区若松町9-6 전화 03-3351-8835 영업일 11:00-15:00, 17:00-21:00(토, 일, 국경일은 쉼) 교통편 토에이지하철都営地下鉄 오에도선大江戸線 와카마츠카와다역若松河田駅 와카마츠출구若松口 도보 1분

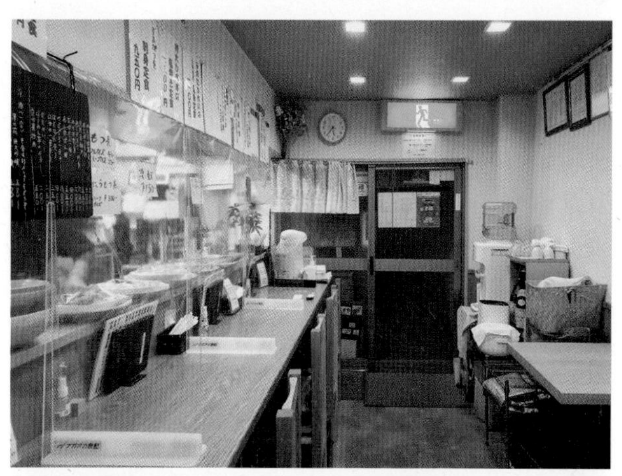

검은 고등어조림은 밥도둑 그 자체!

토리세이

鳥勢 2화

키미마루와 사토 2호가 닭꼬치를 먹다가 뒷자리의 혼약이 취소된 남자의 실연 이야기를 듣던 가게다. 실연 이야기를 나누던 상사와 부하직원은 침통한 실연 이야기 속에서도 이 가게 츠쿠네가 최고라며 츠쿠네つくね(140엔), 부타바라豚バラ(180엔), 네기마ねぎま(140엔)를 주문해 즐기는데 이들의 주문을 들은 키미마루는 똑같은 메뉴를 주문해 그대로 맛있게 즐긴다. 상사는 인생을 꼬치구이 굽는 법과 비교해 가며 부하를 위로한다.

가게 왼편으로 꼬치를 구우며 지나가는 지역 손님들을 유혹하는 장소가 있다. 가게 주변으로 꼬치구이 냄새가 진동한다. 70세는 족히 넘어 보이는 하야사카 할아버지께서 열심히 꼬치를 구워주신다. 이 주인장은 17세에 야마가타현에서 도쿄로 상경해 꼬치구이집에서 12년간 열심히 일해 독립한 분이다. 토리세이의 점내는 카운터석과 테이블석이 적당히 섞여 있다. 필자의 경우 마지막 라스트오더인 10시가 넘기 5분 전 겨우 도착해 점내는 꿈도 꾸지 못하고 테이크아웃으로 5개를 주문했다. 굳이 5개인가 하면 최소 테이크아웃 주문 단위가 5개이기 때문이었다. 주인공이 먹었던 메뉴를 하나씩만 진중하게 음미하려 했지만 과하게 주문하게 됐다. 단 점내에서 먹을 때는 1개도 주문 가능하다. 주인공이 먹었던 메뉴 중에서는 단연 삼겹살 꼬치구이인 부타바라가 가장 맛이 좋았다. 철판에 구워도 기본 맛은 하는 삼겹살인데 숯불에 구워 불향까지 가미되어 있었다. 네기마는 파가 많이 들어가고 츠쿠네는 으깬 고기경단 꼬치구이다.

주소 東京都大田区多摩川1-20-12 전화 03-3750-2462 영업일 11:00-13:00, 17:00-23:30(일요일은 쉼) 교통편 토큐전철東急電鉄 타마가와선多摩川線 야구치노와타시역矢口渡駅 타마가와방면多摩川方面 출구 도보 1분

고소한 맛은 기본!
젖지 않는
특제 종이봉투가
인상적.

교토킨야

京都きん家 3화

웃는 얼굴이란 꽃말을 가진 꽃을 찾다가 결국 파전같은 음식인 네기야키ネギ焼き집을 찾은 키미마루는 우연히 뒷자리 여성의 실연 이야기를 듣고 기뻐한다. 실연에 빠진 여성은 네기야키(1000엔)를 맛있게 먹으며 순간 헤어진 남자친구를 잊게 된다. 8화에서는 꽃집총각이 혼자 네키야키와 야키소바를 먹기도 했다.

네기야키는 파구이인데 파만 든 것이 아니라 분홍 초생강, 돼지고기, 곤약 등도 들어가 있어 맵거나 하지 않고 고소하다. 가게로 오는 길은 술집들이 모여 있어 역 출구부터 호객꾼들이 거리에 즐비했다. 가게 카운터석 위로 '실연밥' 포스터가 크게 붙어 있었다. 들어설 때는 인식하지 못했는데 점장과 이야기를 나누다가 발견했다. 필자같은 1인 방문자도 카운터석이 있어 안심하고 들어설 수 있고 철판이 바로 앞에 있어 직원의 요리 솜씨도 코앞에서 구경할 수 있다. 직원들도 친절하다. 연중무휴에 거의 모든 메뉴가 테이크아웃 되는 점이 반갑다.

가게 주인인 가네시로 씨 부부는 교토사람이다. 그래서 교토의 제철 식재료를 사용한 야키소바, 야키우동의 철판구이나 오코노미야키 등을 주로 선보이고 있다.

주소 東京都江戸川区西葛西6-13-14 丸清ビル 1F 전화 050-5593-3628 영업일 월-목 17:00-01:00 / 금요일 17:00-02:00 / 토요일 12:00-02:00 / 일요일, 국경일 12:00-24:00 교통편 도쿄메트로東京メトロ 토자이선東西線 니시카사이역西葛西駅 남쪽 출구南口 도보 2분

친절한 점장은 손님과 돈을 불러 모은다!

네기시마루쇼

ねぎし丸昇 4화

키미마루는 택시 안에서 우연히 하루라는 가수의 데뷔전 에피소드를 라디오를 통해 듣게 된다. 하루라는 가수는 키미마루가 고등학교 시절 우연히 보도교에서 노상 라이브를 하던 무명가수 하루를 보고 실연을 잊게 해줬다며 다이가쿠이모大学いも를 사주고 나눠 먹었던 추억의 가수였다. 라디오 사연을 듣던 키미마루와 택시운전수는 갑자기 목적지를 바꿔 고구마맛탕이라고 할 수 있는 다이가쿠이모를 사먹으러 이 가게로 온다.

가게를 운영한 지 47년이 넘은 네기시마루쇼. 이곳의 다이가쿠이모는 아라카와구가 선정한 구의 명물이다. 판매는 100그램(200엔), 300그램, 400그램, 500그램, 800그램, 1킬로그램으로 나누어 저울에 달아 판매한다. 미리 만들어 놓은 녀석을 82세의 할머니께서 투명 플라스틱 팩에 넣어 주셨다.

우리나라에서 맛볼 수 있는 다소 딱딱한 맛탕에 비해 훨씬 부드러운 맛이 나고 진하며 목이 마르지도 않았다. 이곳 고구마는 특정한 고구마 품종이 가장 맛있을 때를 골라 품종을 바꿔가며 만든다. 가난한 시절, 달콤한 디저트가 당길 때 어머니가 해주시던 영혼의 소울 푸드 고구마맛탕을 일본에서 만나 반가울 따름이다.

주소 東京都荒川区東日暮里4-2-1 전화 03-3807-0620 영업일 10:30-19:00(일요일, 국경일은 쉼) 교통편 도쿄메트로東京メトロ 히비야선日比谷線 이리야역入谷駅 4번 출구 도보 10분

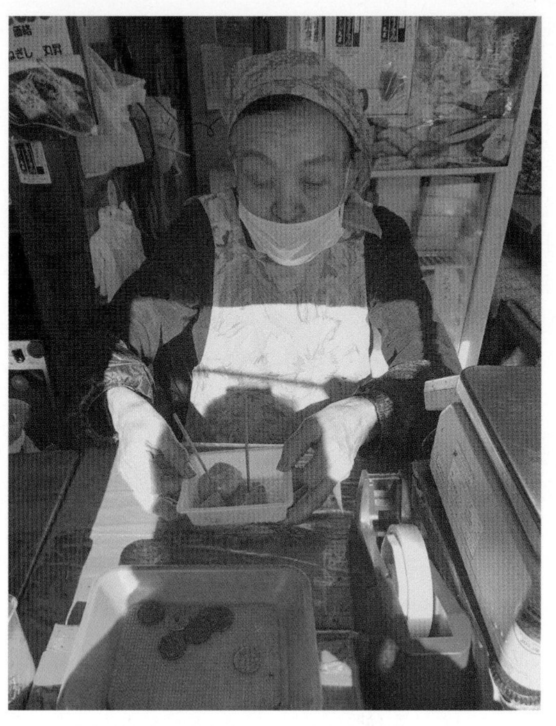

주인할머니의 손맛이 담긴 고구마맛탕! 엄마 생각 금지!

츠키지쇼로 본점

つきぢ松露 本店 5화

시장을 걷던 키미마루는 이렇게 많은 음식이 있는 세계에는 그 만큼의 실연이 있을 거라며 생각한다. 그러다 츠키지 쇼로 본점에서 샌드위치인 쇼로산도松露サンド(1팩 500엔)를 구입한다. 짝사랑하는 꽃집 총각에게 하나 주고 하나는 본인 것. 꽃집 총각은 유명한 곳의 음식이라며 기뻐한다.

쇼로산도는 비법 국물이 들어간 계란말이와 마요네즈가 들어간 단순한 샌드위치다. 츠키지 장외시장에 위치한 츠키지 쇼로는 계란말이 전문점으로 그 역사는 1924년으로 거슬러 올라간다. 초대 점주가 11세부터 닌교쵸의 초밥집에서 실력을 갈고 닦은 후 독립해 초밥집을 개업한 것이다. 그러나 현재의 계란말이 집으로 제대로 영업한 것은 1946년부터다. 전쟁이 끝나고 초대 점주의 아내가 계란말이를 만들어 팔았는데 평판이 매우 좋아 시작된 것이었다. 1952년부터는 2대 점주가 츠키지 시장의 초밥집이나 고급 요리점을 중심으로 계란말이를 납품하다가 1983년에는 긴자 미츠코시백화점에 출점까지 하게 되며 명성을 떨쳤다. 여러 유명 상품만 모인다는 도쿄역 상점에도 출점했다. 지금은 3대 점주인 사이토 씨가 츠키지쇼로를 이끌어 나가고 있다. 빵은 일본의 유명 베이커리 체인점인 동크ドンク의 빵을 사용하고 있다.

주소 東京都中央区築地4-13-13 전화 03-3543-0582 영업일 월-토 04:00-15:00(시간 확인 필요) 교통편 토에이지하철都営地下鉄 오에도선大江戸線 츠키지시죠역築地市場駅 A1출구 도보 4분

해산물 천지인 츠키지에서
계란샌드위치의
달콤한 반격!

쉐노브

シェ・ノブ 5화

양식집에 밥을 먹으러 들어간 키미마루는 옆자리 손님인 딸과 아버지의 실연 이야기를 엿듣고는 딸과 아버지가 주문한 게 크림 코롯케인 가니크리무코롯케カニクリームコロッケ를 즐긴다. 남자친구와 헤어져 풀 죽어 있던 딸은 가니크리무코롯케를 먹고는 얼굴에 화색이 돈다. 아버지 역시 식욕이 있어 다행이라고 안도한다.

평범한 게가 아닌 대게를 사용하는 이곳의 가니크리무코롯케는 1개에 500엔이다. 가니크리무코롯케를 런치 메뉴(밥과 국 등이 곁들여진다) 1000엔으로 저렴하게 만나려면 목요일에 방문해야 한다. 1개에 500엔으로 즐기려면 디너로 방문해야 한다. 날마다 런치 메뉴가 바뀌기 때문이다. 1일 40끼 한정으로 런치를 준비 중이다. 거의 대부분의 메뉴가 테이크아웃 가능하다. 게 크림 코롯케에는 게, 양파, 베샤멜소스, 밀가루, 우유, 일본 술, 일본식된장 미소 등이 들어간다. 후쿠오카 노부카즈 오너 셰프가 2006년부터 운영 중으로 지역활성화를 위해 원가절감보다는 지역업체의 물건을 사입한다고 한다.

오너 셰프는 필자를 위해 특별히 가게를 오픈하기 훨씬 전인 아침 8시에 가니크리무코롯케를 만들어줬다. 점심식사 때는 바빠서 장모님과 아내가 도와주러 오고 저녁은 거의 혼자 운영한다고 한다. 가게의 모든 것들은 수제로 만들고 있다는 자부심을 가이드북에 꼭 써달라는 부탁을 남겼다. 주인의 가족들과 주연배우인 히로세 아리스가 함께 찍은 사진을 보여주시기도 했다. 2층에 위치한 작은 가게인데 창가 통유리가 있는 곳이 명당이다.

주소 東京都港区浜松町2-7-2 大塚ビル 전화 03-3431-7943 영업일 월-금 11:30-14:00(재료 소진 시 일찍 마감), 18:00-22:30 / 토요일 18:00-22:30(일요일, 국경일은 쉼) 교통편 JR 야마노테선山手線 하마마츠역浜松町駅 카나스기바시출구金杉橋口 도보 3분

2층 구석 가게에서
가니크리무코롯케에 맞서다!

야키쇼론포 도라곤 쿠라마에점

焼小籠包ドラゴン 蔵前店 6화

길거리를 걷다가 여자 3인방이 하는 이야기를 엿듣고 따라가는 키미마루. 실연밥의 소재가 되겠다는 확신을 가지고 식당까지 들어가 이야기를 마저 듣는다. 그녀는 여자들이 주문한 구운 만두 메뉴를 똑같이 주문해 음미하며 여자 3인방의 짝사랑남 이야기를 마저 듣는다.

이곳의 야키쇼론포는 매우 뜨겁기 때문에 화상의 염려가 있다. 음식을 받으면 젓가락으로 구멍을 뚫어 조심히 육즙을 마시면 된다. 구멍을 뚫지 않고 그냥 먹으려다가는 육즙이 입천장을 까지게 하고 옷을 다 버릴 위기를 자초할 것이다. 드라마상에서도 친절히 먹는 방법을 보여준다. 미용에도 좋은 흑초를 쳐서 먹는 것까지 보여주니 좋다. 8화에선 꽃집 총각이 야키쇼론포를 테이크아웃해서 신사 벤치에 앉아 먹는 씬도 있었다. 야키쇼론포는 1인분(3개입)에 330엔이다.

점내에는 실연밥 포스터가 자리마다 붙어 있다. 2020년 중국 출신 오너 주방장이 개업한 따끈따끈한 가게로 저렴한 가격에 대만요리를 즐길 수 있다. 테이크아웃이 가능한 점도 좋다. 가게는 중국풍 전등이 몇 개 있을 뿐, 중국요리 가게답지 않게 심플한 인테리어로 안정감을 준다.

주소 東京都台東区鳥越2-1-9 전화 050-5869-8673 영업일 월-금 11:30-14:00, 17:00-23:00 / 토, 일, 국경일 11:30-23:00(연중무휴) 교통편 토에이지하철都営地下鉄 아사쿠사선浅草線 쿠라마에역蔵前駅 A3출구 도보 5분

입 천장 까지기 싫으면 안내문을 읽으세요! 꼭이요!

이자카야 레스토랑 이노코리렌

居残り連　　7화

키미마루가 사토 3호의 실연 이야기를 들으며 슈토카르보나라를 먹은 가게다. 사토 3호는 짝사랑했던 사람이 꽃집총각이었다며 키미마루에게 드디어 실연밥의 소재를 제공할 수 있어 기쁘다며 행복해한다. 나중에는 sto 기획 사람들이 고생해준 하라하치군을 위해 밥을 먹으러 간 가게로도 등장한다.

주인공이 음미한 슈토카르보나라酒盗カルボナーラ는 우리나라의 크리미한 카르보나라와는 조금 결이 다르게 국물이랄 것이 없었다. 하지만 매우 맛있다. 단순히 고소한 느낌만 있는 것이 아니었다. 카르보나라를 주문하니 빵이 몇 조각 함께 나왔다. 저녁에 방문해서 오토시로써 나온 녀석인 듯, 결제 시 가격이 상당히 뛰어 있었다.

매우 오래되고 낡은 가게는 사실 전통 있는 장어집 아라이야의 건물이었다. 역사의 흐름 속에 폐점 후 헐릴 운명이었던 것을 우에지마 마코토 씨가 2007년 서양식 선술집 레스토랑으로 리모델링했다.

재미난 건 낡은 외관은 그대로 두어 외관만 보면 금방이라도 쓰러질 듯하다는 것이다. 건물 외부에 붙어 있는 나무줄기는 포도나무로 매년 10병 이상의 와인을 탄생시키는 녀석이라고 한다.

주소 東京都品川区北品川1-22-4 전화 03-3450-5660 영업일 평일 점심 11:30-14:00, 저녁 17:00-23:00 / 토요일 저녁 17:00-22:00(일요일은 쉼) 교통편 JR 케이힌토호쿠선京浜東北線, 야마노테선山手線, 요코스카선横須賀線, 토카이도선東海道線 시나가와역品川駅 서쪽 출구西口 도보 10분

술을 부르는 고소한 카르보나라! 중독이야!

후랑스야

ふらんすや 8화

친구의 결혼식에서 오랜만에 고등학교 시절 절친을 만난 키미마루는 귀여운 야키소바빵焼きそばパン(210엔)에 반한다. "고등학교를 졸업해서 서로 흩어지더라도 야키소바빵을 먹으며 힘내자"라고 했던 절친 3인방의 다짐을 회상하면서 말이다. 키미마루는 친구의 실연 이야기를 듣고 끝내 실연밥 만화로 연결시킨다.

2006년 미시바 시게오 씨가 이사가는 선배의 5평 남짓한 작은 빵집을 이어받아 이름을 바꿔 개업했다. 일개 빵집이지만 직접 만드는 빵과 샌드위치 등의 종류가 50종에 이를 정도로 다양하다. 드라마에 등장했던 야키소바빵, 음료, 과자 역시 있다. 야키소바빵은 말 그대로 빵 안에 야키소바를 넣은 녀석이다. 소시지를 문어 모양으로 만들어 포인트를 준 것이 인상적이다.

후랑스야는 드라마 '호쿠사이와 밥만 있다면' 1화에서도 촬영지로 쓰였다. 가게의 통유리로 보이는 빵들을 보며 웃음이 끊이지 않는 야마다 분. 그녀는 그러나 돈이 없었다. 그러는 사이 여대생 쥰은 미인계로 주인에게 빵을 얻어먹는다. 여대생 쥰은 분에게 빵을 줄까 물어보지만 대인기피증에 가까운 야마다 분은 부끄러워 도망쳤었다. 8화에서는 쥰에게 자신이 직접 만든 교자를 먹이며 오해를 풀기 위해 쥰을 찾으러 후랑스야에 오기도 했다.

주소 東京都足立区千住3-55 전화 03-6812-0625 영업일 07:30-19:30(수요일은 쉼)
교통편 도쿄메트로東京メトロ 치요다선千代田線, 히비야선日比谷線 키타센쥬역北千住駅 4번 출구 도보 6분

작은 빵집!
하지만 방대한 빵 라인업!

마치며

고독한 미식가의 고로처럼 드라마에 등장한 모든 음식들을 모두 먹을 수는 있는 시간적, 금전적 상황이 아니기에, 가장 궁금한 음식을 한 가지 혹은 두 가지 먹어볼 수 있었다. 가게에 요청해 사진과 정보를 이메일과 네이버 라인 등을 통해 얻기도 했으며 맛집 순례를 마친 한국분들의 귀와 눈을 빌려 사진 혹은 정보를 허락받고 활용하기도 했다.
맛집 가이드북을 만들면서 일본과 한국의 많은 분들로부터 도움을 받았다. 편지, 이메일, 인스타그램, 라인 등 모든 수단을 동원해 맛집의 도움을 요청드렸는데 흔쾌히 사진을 보내주시거나 설명을 해주신 프리미 바치의 오오바야시 레이 님, 쥬리안의 오가와 유키코 님, 파페르부르그의 요시무라 타쿠야 님, 아사쿠사몬자시치고산의 니시하라 님, 잭슨홀 · 아리아케테이의 노구치 나오키 님, 무테키야 · 케이슈의 유노키 신야 님, 츠바키테이의 오이카와 잇신 님, 체르키오의 키다 아카리 님, 류의 와카오 님, 이산의 야마다 요시지 님, 미란의 츠무라 타카코 님, 산도의 카이즈카 님, 콤마코히의 최지혜(나니) 님, 시오타의 서현 님, 비스토로 쿠로카와의 쿠로카와 마모루 님, 난에츠비쇼쿠의 황 사장님, voi voi의 호소다 님, 쇼군바가의 오오기야 아츠코 님께 감사 말씀을 올린다.

고릴라 닮은 남편을 응원해 주는 여우 같은 아내와 헐크 같은 딸 엘라에게 책 출판의 영광을 바친다. 끝으로 일본 취재 일정에 도움을 주신 장호석 님에게 감사의 인사를 전한다.

도쿄! 일드 미식 가이드

초판 1쇄 발행 2023년 8월 11일
초판 2쇄 발행 2023년 9월 27일

글 이지성
발행인 채종준

출판총괄 박능원
책임편집 유나
디자인 김예리
마케팅 문선영 · 전예리
전자책 정담자리
국제업무 채보라

브랜드 크루
주소 경기도 파주시 회동길 230(문발동)
투고문의 ksibook13@kstudy.com

발행처 한국학술정보(주)
출판신고 2003년 9월 25일 제406-2003-000012호
인쇄 북토리

ISBN 979-11-6983-526-8 03980

크루는 한국학술정보(주)의 자기계발, 취미 등 실용도서 출판 브랜드입니다.
크고 넓은 세상의 이로운 정보를 모아 독자와 나눈다는 의미를 담았습니다.
오늘보다 내일 한 발짝 더 나아갈 수 있도록, 삶의 원동력이 되는 책을 만들고자 합니다.